基于软测量的染色检测技术

汤仪平　著

吉林大学出版社
·长春·

图书在版编目（CIP）数据

基于软测量的染色检测技术 / 汤仪平著. — 长春 ：吉林大学出版社， 2022.8
ISBN 978-7-5768-0268-9

Ⅰ. ①基… Ⅱ. ①汤… Ⅲ. ①染整—检测 Ⅳ. ①TS190.92

中国版本图书馆 CIP 数据核字（2022）第 151290 号

书　　名：基于软测量的染色检测技术
JIYU RUANCELIANG DE RANSE JIANCE JISHU

作　　者：汤仪平　著
策划编辑：邵宇彤
责任编辑：甄志忠
责任校对：张文涛
装帧设计：优盛文化
出版发行：吉林大学出版社
社　　址：长春市人民大街 4059 号
邮政编码：130021
发行电话：0431-89580028/29/21
网　　址：http://www.jlup.com.cn
电子邮箱：jldxcbs@sina.com
印　　刷：三河市华晨印务有限公司
成品尺寸：170mm×240mm　　16 开
印　　张：13
字　　数：229 千字
版　　次：2022 年 8 月第 1 版
印　　次：2022 年 8 月第 1 次
书　　号：ISBN 978-7-5768-0268-9
定　　价：78.00 元

前　言

本书属于染整加工自动化技术方面的著作，内容包括染色过程上染率动力学模型、计算机动态测色算法、染色过程色差动力学模型、基于调整系数的染料单位浓度 *K*/*S* 值算法、低浓度染液多组分浓度同时测定的色泽软测量方法和软测量系统非线性滤波算法等方面的研究，以及染色过程仿真系统、染色过程织物色泽在线监测系统和助剂自动配送系统等部分开发。本书针对间歇染色生产色泽在线测量这一染整行业关键技术难题，提出了通过测定间歇染机内染液的染料浓度来获得织物色泽的软测量方法。该技术通过研究间歇染色过程在线监测技术，达到提高染色一次合格率，并达到降低生产成本和实现节能减排的目的，对染整加工在线监测和质量控制技术的研究、染色智能装备方面的研究者和从业人员有学习和参考价值。

在此，对本书引用的参考文献的作者表示感谢！

书中不妥之处在所难免，恳请广大读者批评指正。

汤仪平

2022 年 1 月

摘 要

染色是染整加工中的一个重要环节，是复杂的化学工业过程，在间歇式染色过程中在线测量织物色泽是稳定产品质量、节约能源和减少污染的关键，对染色加工过程的优化和控制具有重要意义。目前，国内外尚未开发出准确、可靠、价廉的间歇式染色过程织物色泽在线测量的仪器或设备，因此研究间歇式染色过程织物色泽的软测量技术具有很大的理论意义和实用价值。应用软测量技术，基于可测信息和模型可以实现间歇式染色过程织物色泽的在线测量。

本书的主要工作和研究成果包括以下几点。

1. 提出了间歇式染色过程织物色泽在线软测量设计方法

在分析间歇式染色过程机理的基础上，基于库贝尔卡－蒙克（Kubelka-Munk）理论、染色化学理论和色度学理论，首次提出以间歇染机中染液各组分染料浓度为辅助变量、织物色泽三刺激值为主导变量的软测量方法，并基于回归分析方法完成软测量模型参数估计。该软测量方法实现了对纺织产品质量的实时监控，克服了传统离线测色法返修率高、生产效率低、质量不稳定等弊端。间歇式染色过程在线测色的仿真研究结果表明，该软测量模型能够有效地预测间歇染机中织物色泽三刺激值，满足工艺要求。

2. 提出了基于染色动力学模型的织物色泽软测量方法

从染色热力学和动力学角度出发，在菲克（Fick）扩散定律的基础上，导出染色过程染料上染率机理模型，从染料的上染状态来估计织物色泽的变化。在已知的工艺条件下，根据染料上染率动力学模型预测任一时刻的染料上染率，结合间歇式染色过程织物色泽软测量模型，实现对间歇染机中织物色泽三刺激值的动态估计。

3. 提出了基于状态估计的织物色泽软测量方法

从光谱测量原理出发，基于 Lambert-Beer 定律，建立多组分光度分析体系下吸光度的数学模型。应用现代光谱技术，对间歇染机中染液进行在线采样，测定其在可见光波长范围内的吸光度，以染液各组分染料浓度为状态变量，应用卡尔曼（Kalman）滤波等算法实现状态估计，并结合间歇式染色过程织物色泽软测量模型，实现对间歇染机中织物色泽的在线测量。该方法考虑了噪声影响，能有效减少测量误差，提高测量精度和系统稳定性。实例表明，该方法是有效可行的。

4. 解决了非线性光度分析体系染液多组分浓度测定问题

针对间歇染机中染液由于染料自身发生强烈的水解反应及染料间存在明显的相互作用，导致其光度分析体系偏离 Lambert–Beer 定律并呈非线性的问题，提出了建立多组分非线性光度分析体系吸光度的数学模型，并分别设计扩展卡尔曼滤波（extended Kalman filtering，EKF）和粒子滤波（particle filtering，PF）等非线性滤波算法对混合染液中各组分染料浓度进行测定的解决方法。实验结果表明，扩展卡尔曼滤波和粒子滤波算法均可有效估计混合染液中各组分染料浓度，为实现间歇式染色过程织物色泽在线软测量奠定了基础。

本书的研究是针对染整行业间歇式染色生产中织物色泽在线测量这一核心技术问题进行的应用基础研究，对提高染整加工产品一次合格率和企业生产效率、降低生产成本以及节能减排具有重要的作用。

符 号 表

$\boldsymbol{A}$	吸光度矩阵
A_0	染色前染液在最大吸收波长处的吸光度
A_1	染色残液在最大吸收波长处的吸光度
$\sum A$	3 种染料单一染液吸光度相加总和
A_n	3 种染料混合染液的吸光度
$a_0, \cdots, a_{10}$	非线性吸光度模型系数
α	软测量模型参数校正系数
$\boldsymbol{B}_0, \boldsymbol{B}_1$	织物色泽软测量模型的回归系数矩阵
b_0	软测量模型校正前的常数项
b_0'	软测量模型校正后的常数项
$\boldsymbol{b}_1$	染料的单位浓度 K/S 值矩阵
$\boldsymbol{C}_0$	染料初始浓度矩阵
$\boldsymbol{C}_\mathrm{f}$	上染到纤维的染料浓度矩阵
$\boldsymbol{C}_\mathrm{t}$	染液中染料浓度矩阵
ΔE	色差值
$\boldsymbol{H}$	线性吸光度模型系数矩阵
$h(.)$	染料分子本身发生水解、聚集等所损失的染料浓度函数
$h[.]$	混合体系吸光度与染料浓度的非线性函数
$\boldsymbol{H}_\mathrm{t}$	颜色仿真模型系数矩阵
K	滤波增益
k_{10}	三刺激值计算公式的归化系数
K/S	吸收系数与散射系数的比值
M	染料在织物上染百分率
λ	波长
$\Delta\lambda$	波长间距
$\rho(\lambda)$	波长 λ 处的光谱反射率
$\boldsymbol{P}$	滤波误差矩阵
P_E	相对误差值
$p_v(.)$	观测噪声的概率密度函数
$q(.)$	重要性函数

$\boldsymbol{Q}_s$	织物 K/S 值矩阵
R	噪声方差
R^2	回归模型的拟合优度
S	CIE 规定的标准照明体
$\boldsymbol{T}$	CIE 规定的标准色度观察者的光谱三刺激值矩阵
ω	重要性权值系数
$v(k)$	观测噪声
y	取样时刻的离线实测值
$\hat{y}$	取样时刻的模型估计值
XYZ	颜色三刺激值
$\boldsymbol{\Psi}$	机理模型系数矩阵

目　录

第1章 理论基础

1.1　软测量技术

现代过程工业对控制的要求越来越高，在许多场合下，仅仅依靠常规控制参数，如流量、温度、压力等，已经很难取得令人满意的控制效果。为了满足生产过程对质量进行控制的要求，需要获取诸如成分、浓度、黏度等质量或物性参数的测量信息。但是，由于这类过程变量大多都具有难以测量的特点，如果采用过程测量仪表直接进行在线测量，一方面因测量仪表一般价格高昂，维修困难，使得成本太高，企业难以承受；另一方面，此类仪表往往存在很大的测量延迟，难以满足闭环控制的要求。随着计算机技术的发展，作为一种替代的选择，软仪表逐渐成为过程工业领域的热门课题，建立软仪表的技术被称作软测量技术。软测量是利用易测过程变量（一般称作辅助变量）与难测过程变量（一般称作主导变量）之间的数学关系，通过各种数学计算和估计方法，实现待测过程变量的测量。

软测量技术最显著的特点是能够通过建立被测变量与辅助变量的数学模型，进而计算出被测参数的值。因此，建立软测量模型是软测量技术最重要的部分。软测量建模的方法主要有根据过程机理建模、基于状态估计建模、基于统计分析建模和智能建模。

1.1.1　软测量的建模

（1）基于机理分析模型的软测量技术

基于机理分析的软测量技术是工程中一种常见的方法，也是工程界最容易接受的软测量方法。机理建模方法通常是在对工业过程对象获得了较为清晰的物理化学机理认识后，运用一些已知的定理、定律和原理（如化学动力学原理等），列写对象的平衡方程（如物料平衡、动量平衡和能量平衡等）和反映（如流体等）传热传质基本规律的动力学方程和物理性质参数方程等，建立工业过程中的难测主导变量和可测辅助变量的精确数学模型。机理建模方法适用于工艺机理清晰的工业过程，基于机理分析模型的软测量技术可以取得很好的效果，能够处理动态、静态、非线性等各种性质的对象，具有较大的适用范围。但是，对于某些机理复杂或机理不明确的工业过程，尤其是化工过程存在着严重的非线性变化，并且某些因素也在不断变化，对象的机理难以精确地描述，单独使用机理建模方法建立过程的数学模型存在困难。因此，该方法不适用于机理尚不完全确定的化工过程。

（2）基于状态估计的方法

假定已知被测对象的状态空间模型为

$$\begin{cases}\dot{X}(t)=\boldsymbol{A}X(t)+\boldsymbol{B}U(t)+\boldsymbol{F}W(t)\\Z(t)=\boldsymbol{H}X(t)+\boldsymbol{D}U(t)+\boldsymbol{V}(t)\end{cases}\tag{1-1}$$

公式（1-1）中，X为过程的状态变量；Z为过程的主导变量和二次变量；V，W为白噪声；U为过程的输入；$\boldsymbol{A}$、$\boldsymbol{B}$、$\boldsymbol{F}$、$\boldsymbol{H}$、$\boldsymbol{D}$为状态方程的系数矩阵。

如果系统的状态对于辅助变量完全可观，则该软测量就转化为典型的状态观测和状态估计问题，用卡尔曼滤波器可以从二次变量中得到状态的估计值。扩展卡尔曼滤波器、自适应卡尔曼滤波器和扩展 Luenberger 观测器已成功地应用于发酵反应的发酵率和尾气中二氧化碳含量、精馏塔塔顶产品组成、反应器反应速率等参数的软测量。但对于复杂的工业过程常常会遇到持续缓慢变化或不可测扰动，此时测量会产生显著误差。

（3）基于统计分析建模方法

利用系统的输入输出数据所提供的信息来建立过程的数学模型的方法，称为统计分析建模。统计分析建模不需要深入了解工业过程的机理，而是通过选取与主导变量有密切联系且可测量的辅助变量，选择合适的模型结构，根据某种最优准则，利用统计方法建立辅助变量与主导变量间的数学模型。即通过实测或依据积累样本数据，用回归分析的建模方法得到软测量模型，基于回归分析方法得到普遍的应用，已经成为先进控制中必不可少的信息处理方法。

回归分析是一种最常见的统计分析建模方法，为寻找多个变量之间的函数关系或相关关系提供了有效的手段。经典的回归分析方法是最小二乘法（least squares，LS）。所谓最小二乘法，就是要求所选的函数关系$f(.)$的参数，使得观测值y与对应的函数$f(x)$的偏差的平方和为最小。在最小二乘法的基础上又衍生了许多改进算法，如主元分析法（principal componet analysis，PCA）和主元回归法（principal componet regression，PCR）以及部分最小二乘法（partial least square，PLS）等多元统计方法。

多元线性回归方法（multi-linear regression，MLR）是一种最早在化工过程中得到应用的回归分析方法，是基于最小二乘法参数估计的方法。采用回归分析方法建立软测量估计模型，只要能够将系统的输入输出数据集归纳成

$\boldsymbol{Y}=\boldsymbol{XB}$ 线性形式，其中 $\boldsymbol{X}$ 为系统的输入数据集，$\boldsymbol{Y}$ 为系统的输出数据集，$\boldsymbol{B}$ 为回归模型参数，则应用最小二乘估计方法即可得到模型参数

$$\boldsymbol{B}=\left(\boldsymbol{X}^{\mathrm{T}}\boldsymbol{X}\right)^{-1}\boldsymbol{X}^{\mathrm{T}}\boldsymbol{Y}$$

从而利用 $\boldsymbol{Y}=\boldsymbol{XB}$ 来进行软测量估计。

主元回归法和部分最小二乘法都是基于主元分析，可以从生产过程相关的历史数据中提炼统计信息，建立统计模型如 PCR 模型、PLS 模型等，然后将具有相关关系的多变量的高维数据空间投影到低维数据空间，特征空间的主元素保留了原始数据的特征信息而忽略了冗余信息，用少量变量反映多个变量的综合信息。

主元回归方法是对输入数据空间进行主元分析，得到能反映输入数据空间主要信息的主元，完全去除了相关数据的影响。建立主元与输出数据集 Y 的回归关系，实现由输入变量对输出变量的估计。部分最小二乘法不仅对输入数据空间进行主元分析，也对输出数据空间进行主元分析，得到两者间的回归关系，并保证两者的主元的相关性最大，实现输入变量对输出变量的最佳估计。因此，部分最小二乘法在软测量技术中获得了越来越普遍的应用，是一种实用的统计分析方法。

（4）智能建模

无论是机理建模还是回归分析的建模，对于变量数目不多，过程机理清晰，非线性不严重的系统都是有效的，但对于复杂系统，机理分析建模和统计分析建模的方法都存在很大的局限性。以神经元网络和模糊技术为代表的智能建模理论和技术的出现为软测量提供了新的建模思想和方法。

① 神经网络。

近年来，应用人工神经网络方法建立复杂系统的模型在当前工业领域中备受关注并得到广泛应用。它可在不具备对象完整的先验知识的条件下，根据对象的输入输出数据直接建模（以辅助变量作为人工神经网络的输入，主导变量作为网络的输出，通过网络学习来解决难测量的软测量问题），对解决高度非线性和严重不确定性系统过程参数的软测量问题具有很大的潜力。

人工神经网络主要由网络结构和学习算法构成，网络结构大致包括前向网络和反馈网络两类，学习算法则是用于控制神经元之间的连接权值调整和确定。以下介绍两种常见的神经网络。

A. 多层前向网络（multilayer feed-forward networks，MFN）。MFN 提供了能够逼近非线性函数的模型结构，由一个 3 层前向网络以任意的精度来逼近

任何非线性连续函数。反向传播 BP（back propagation）算法是 MFN 最常用、也是应用最广泛的学习算法，是一种非线性迭代寻优算法，通过调节连接权值，使系统误差函数极小化。MFN 广泛应用于软测量建模，至今有许多改进的学习算法。

B. 径向基函数神经网络（radical basis functions，RBF）。RBF 通常是一种仅有一个隐层的多输入单输出前向网络，输入数目为所研究对象的独立变量数，中间层选取径向基函数作为转移函数，从输入层到隐层的变换是非线性的，隐层到输出层是线性的，输出层则是一个线性组合器。RBF 在非线性过程系统建模中，用于辨识输入变量到输出变量的映射关系，具有广泛的非线性适应能力。与 BP 算法相比，RBF 网络的学习算法不存在局部最优问题，而是获得全局最优解。由于参数调整是线性的，可获得较快的收敛速度。相比 MFN，RBF 具有更高的逼近精度和学习速度，非常适合系统的实时辨识和控制。

除了以上方法外，还有基于 PCA 时间延时神经元网络，基于因素分析的复合神经网络等。神经网络方法在解决复杂化工过程测量建模问题方面取得了巨大成功，现已成为当前化工软测量建模中主要研究内容和技术手段。

但神经网络在化工过程软测量建模过程中存在网络结构需要事先指定或应用启发式算法；网络权系数的调整方法存在局限性，表现在训练可能过早结束、权值衰退等。容易陷入局部最小，有些训练算法甚至不能得到最小以及过分依赖学习数据的质量和数量，模型性能的好坏取决于模型训练过程中样本数据的数量和质量等诸多问题。为了提高神经网络建模的准确性和实时性，出现了模糊技术和支持向量机的软测量智能建模方法。

② 模糊技术。

模糊技术模仿人脑的逻辑思维，用于处理模型未知或不精确的控制问题，现有数据已经证明，采用模糊模型也可以以任意精度逼近任意的连续非线性函数。因此，同样可以将模糊技术应用于软测量建模中。沈明新等人[①] 介绍了将模糊模型用于钢水碳含量模糊辨识的软测量技术。另外，将神经网络和模糊技术有机结合起来，取长补短，可以形成模糊神经元网络技术。仲蔚等人[②] 应用 FUZZY ARTMAP 网络，通过影响干点的可测变量建立产品质量指标的软测量

---

① 沈明新，隋有功．钢水碳含量模型的模糊辨识及应用[J]．自动化仪表，1997（4）：14-19+47-48.

② 仲蔚，俞金寿．基于 FUZZY ARTMAP 的加氢裂化分馏塔 MIMO 软测量[J]．化工学报，2000（5）：671-675.

模型，对加氢裂化装置生产的成品油质量进行干点的在线估计，并得到了较好的测量结果。

③ 支持向量机的软测量建模。

支持向量机（support vector machine，SVM）最初是由 Vapnik[①] 提出的一种新兴的基于统计学习理论的学习机。相对于神经网络的启发式学习方式和实现中带有的很大的经验成分相比，SVM 具有更严格的理论和数学基础，不存在局部最小问题，小样本学习使它具有很强的泛化能力，不过分依赖样本的数量和质量，尽管它的研究和应用刚刚开始，已经有大量的文献报道了它在各个领域的应用[②]。支持向量机基本思想是把训练数据集从输入空间非线性地映射到一个高维特征空间（Hilbert 空间），然后在此空间中求解凸优化问题；典型二次规划在此空间中求解凸优化问题（典型二次规划问题）。SVM 的最优求解基于结构风险最小化思想，因此比其他非线性函数逼近方法具有更强的泛化能力。现已成为化工过程软测量建模理论研究中的热点方向。

（5）机理分析建模与统计分析建模相结合

机理分析模型是通过对染色过程中物质与能量的转化过程进行分析，找出反映内部机理的规律，然后使用数学模型描述出来。但实际上，完整、准确的机理分析模型是很难得到的，并且一些模型的结构是非常复杂的，为了能够应用这类机理模型于变量检测当中，需要做一些相应的数学近似和变换，或找出一种有效的拟合方法，从而把机理分析建模与经验建模结合起来，经验建模可提取机理分析建模所无法解释的对象内部的复杂信息，而机理分析模型又可提高经验模型的推广能力，达到取长补短的效果。首先通过机理分析，推导带参数的数学模型结构，其次，根据对象的输入输出数据，应用统计分析方法确定模型参数，从而得到过程的数学模型。机理分析建模与统计建模相结合的方法，目前被广泛采用。因此，建模问题实际上包括两个步骤，机理分析模型的选择和模型参数的辨识与优化，如图 1-1 所示。

---

①CORTES C，VAPNIK V N. Support vector networks[J]. Machine Learning, 1995, 20（3）: 273-297.

②KAZMI S Z，GRADY P L，MOCK G N，et al.On-line color monitoring in continuous textile dyeing[J].ISA Transactions,1996（35）: 33-43; 陈兴梧，田学飞．纺织品颜色的在线测量 [J]. 计量学报，1997，18（2）:150-155.

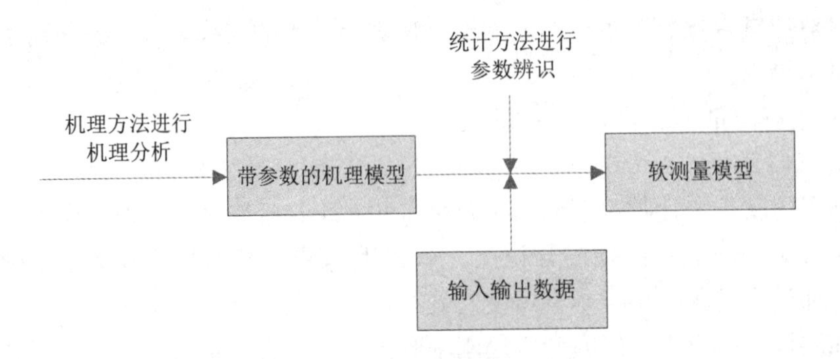

图 1-1　混合建模

当前软测量技术已成为一个研究热点，许多学者都从各种不同的角度对其进行了研究，并总结出了软测量工程化应用的一般步骤。尤其是软测量模型的建立，目前相关文献所讨论的主要有机理分析建模、回归分析、状态估计、模式识别、人工神经网络、模糊数学、过程层析成像、相关分析和现代非线性信息处理技术等多种建模方法。在实际应用中往往是各种方法综合使用，以达到最好的预测效果。当前出现的各种软测量技术的结合，又产生了一些改进方法。如神经网络和部分最小二乘法（PLS）相结合的非线性 PLS，神经网络和模糊技术相结合的模糊神经网络模型，基于小波分析神经网络模型，支持向量机模型等。

工业过程的复杂性决定了单一技术无法完美解决过程建模和控制问题，因此将各种技术有机地结合起来，已成为现今研究和应用的潮流。

1.1.2　影响软仪表性能的因素

（1）辅助变量的选择

辅助变量的选择在软仪表的建立过程中起着重要的作用。它包括变量的类型、数目及测点位置三个方面。应当注意的是，这三个方面是互相关联的，并且在实际应用中，还受经济性、维护的难易程度等额外因素的制约。

（2）变量类型的选择

辅助变量类型的选择范围是过程的可测变量集。有文献[①] 给出了进行辅助变量选择的若干指导原则。目前，软仪表中使用最广泛的是与主导变量动态特性相近、关系紧密的可测参数。例如，精馏塔和反应器过程中的温度、温差

① WILLIS M J，MONTAGUE G A，MASSIMO C D，et al. Artificial neural networks in process estimation and control[J]. Automatica，1992，28（6）：1181-1187.

和双温差、生物发酵过程中的尾气 CO_2 浓度等。

（3）变量数目的选择

辅助变量的最佳数目显然与过程的自由度、测量噪声及模型的不确定性有关。Joseph 等人[①] 根据使投影误差最小的原则，指出了得到优良的估计器性能、相对误差和模型的条件数目。

1.1.3　过程数据的处理

（1）误差处理

在基于软仪表的先进控制与优化系统中，由于融合了大量的现场数据，而其中任一数据的失效都会导致整体性能的大幅度下降，因此对过程数据的误差处理非常重要。一般认为测量数据的误差分为随机误差、系统误差和过失误差三类，在实际过程中，虽然过失误差出现的概率很小，但它的存在会恶化数据的品质。因此误差处理的首要任务就是剔除这类坏数据。

近年来已经形成了称作数据一致性（data reconciliation）的技术用于误差的侦破、辨识和消除。李华生等人[②] 对统计假设检验法、广义似然比法和贝叶斯法等目前处理过失误差的方法作了分类和比较。然而这些方法在理论上和应用水平间尚存在相当的差距，因此对于特别重要的过程参数，可以考虑必要的硬件冗余以提高安全性。

（2）数据的变换

对数据的变换包括标度（scaling）、转换和权函数三个方面，工业过程中的测量数据有着不同的工程单位，变量之间在数值上可能相差几个数量级，直接使用这些数据进行计算可能会由于机器字长有限而丢失信息，或者引起算法的数值不稳定性问题。利用合适的因子对数据进行标度，能够改善算法的精度和稳定性。转换包含对数据的直接转换和寻找新的变量替换原变量两个含义。在高纯度精馏塔的建模和控制中对组分浓度取对数后再进行计算，是相当成熟的技术。通过对数据的转换，可有效地降低数据的非线性特性。权函数可实现对变量动态特性的补偿，如果辅助变量和主导变量间具有相同或相似的动态特

① JOSEPH B , BROSILOW C B. Inferential control of processe:Part I. Steady state analysis and design[J]. AIChE Journal, 1978, 24（3）: 485-492 ; BROSILOW C , TONG M.Inferential control of processes; Part II, The structure and dynamics of inferential control systems[J]. AlchE Journal, 2010, 24 :（3）492-500.

② 李华生，董文葆 . 化工过程测量数据中过失误差的侦破 [J]. 炼油化工自动化，1992，6（2）:16-20.

性，那么使用静态软仪表就足够了。合理使用权函数使我们可以用稳态模型实现对过程的动态估计。

1.1.4 数据校正

软测量模型建构后，并不是一成不变的，由于测量对象的特性和工作点都会随时间发生变化，因此必须考虑模型的在线校正，才能使其适应新工况。

软测量模型的在线校正可以表示为模型结构和模型参数的优化过程，具体方法有卡尔曼滤波技术在线修正模型参数，更多的则是利用分析仪表的离线测量值进行在线校正。为解决模型结构修正耗时长和在线校正的矛盾，Zhou① 等人提出了短期学习和长期学习的校正方法。短期学习是在不改变模型结构的情况下，根据新采集的数据对模型中的有关系数进行更新；而长期学习则是在原料、工况等发生较大变化时，利用新采集的较多数据重新建立模型。在线校正有自适应法、增量法和多时标法②。根据实际过程的要求，多采用模型参数自校正方法。但是，尽管在线校正如此重要，目前在软测量技术中，有效的在线校正方法仍不多，这是今后软测量研究领域中有待加强和深入的方向。

1.2 卡尔曼滤波理论

信号是传递和运载信息的时间或空间函数。信号有两类，即确定性信号和随机信号，确定性信号的变化规律是既定的，可以表示为一个确定的时间函数或空间函数，具有确定的频谱特性，如阶跃信号、脉宽固定的矩形脉冲信号、正余弦函数等，它们对于指定的某一时刻，可确定一个相应的函数值。随机信号没有既定的变化规律，不能给出确定的时间或空间函数，在相同的初始条件和环境条件下，信号每次实现都不相同，如陀螺随机漂移、GPS 的定位误差、随机海浪等，随机信号没有确定的频谱特性，但是具有确定的功率谱，可以通过统计特性来描述其特征。

---

①ZHOUL, YE N, LU Y Z. et al. Modelling and control for nonlinear time-delay system via pattern recognition approach[J]. Annual Review in Automatic Programming, 1989,15(12): 43-48.

② 汪岚，黄彩虹．基于 MATLAB 色差预测多元回归模型的研究 [J]. 计算机与应用化学，2008, 25 (8): 1015-1018.

信号在传输与检测过程中不可避免地要受到外来干扰与设备内部噪声的影响，为获取所需信号，排除干扰，就要对信号进行滤波。滤波是指从混合在一起的诸多信号中提取出所需信号的过程。信号的性质不同，获取所需信号的方法也就不同，即滤波手段不同。对于具有确定频谱特性的确定性信号，可根据各信号所处频带的不同，设置具有相应频率特性的滤波器，如低通滤波器、高通滤波器、带通滤波和带阻滤波器等，使有用信号尽量无衰减地通过，而干扰信号受到抑制。这类滤波器可用物理方法实现，即模拟滤波器，也可用计算机通过特定的算法实现，即数字滤波器。对确定性信号的滤波处理通常称为常规滤波。

随机信号具有确定的功率谱特性，可根据有用信号和干扰信号的功率谱设计滤波器，基于这个作用，维纳滤波理论[①] 应运而生，它通过功率谱分解来设计滤波器，所以在对信号进行抑制和选通方面同常规滤波是相似的。然而在频域设计维纳滤波器时要求解维纳霍普方程，计算量较大，需要大量的存储空间，这一要求限制了维纳滤波的应用。

卡尔曼滤波是卡尔曼于 1960 年提出的从与被提取信号有关的观测量中通过算法估计出所需信号的一种滤波方法，他将状态空间的概念引入随机估计理论；将信号过程视为白噪声作用下的一个线性系统的输出，用状态方程来描述这种输入 – 输出关系。估计过程中利用系统状态方程、观测方程和白噪声激励（系统过程噪声和观测噪声）的统计特性构成滤波算法。由于所利用的信息都是过程内的变量，所以不但可以对平稳的、一维的随机过程进行估计，也可以对非平稳的、多维随机过程进行估计。这就完全避免了维纳滤波在频域内设计时遇到的困难，适用范围比较广泛。

实际上，卡尔曼滤波是一套由计算机实现的实时递推算法，它所处理的对象是随机信号，利用系统噪声和观测噪声的统计特性，以系统的观测量作为滤波器的输入，以所要求的估计值（系统的状态或参数）作为滤波器的输出，滤波器的输入与输出由时间更新和观测更新算法联系在一起，根据系统状态方程和观测方程估计出所有需要处理的信号。所以，卡尔曼滤波与常规滤波的含义与方法完全不一样，它实质是一种最优估计方法。

卡尔曼滤波是从随机过程的观测量中通过线性最小方差估计准则来提取所需估计值（系统的参数和状态）的一种滤波算法，其最大特点是能够剔除

① 维纳滤波是利用平稳随机过程的相关特性和频谱特性对混有噪声的信号进行滤波的方法，由美国科学家 N. 维纳于 1942 年为解决防空火力控制和雷达噪声滤波问题而建立。

随机干扰噪声，从而获得逼近真实的估计值。它把状态空间的概念引入随机估计理论，利用系统噪声和观测噪声的统计特性，以系统观测量作为滤波器的输入，以所需的估计值作为滤波器的输出，输入、输出之间是由时间更新和观测更新算法联系在一起的，其计算过程是一个不断预测、修正的过程。

当得到新的观测值时，即可算出新的估计值，在估计值更新的过程中不需要存取大量观测数据，从而节省了计算机内存，提高了计算效率，是一种优秀的在线估计算法，因而在实际工程应用中受到了普遍重视。随着计算机技术的发展，以卡尔曼滤波技术为核心的现代估计理论已广泛应用于航天、系统工程、通信、工业过程控制等领域。

1.2.1 离散线性系统的卡尔曼滤波

离散线性系统的状态方程和观测方程分别为

$$\begin{cases}\boldsymbol{X}_k=\boldsymbol{\Phi}_{k,k-1}\cdot\boldsymbol{X}_{k-1}+\boldsymbol{\Gamma}_{k,k-1}\cdot W_{k-1}\\ \boldsymbol{Z}_k=\boldsymbol{H}_k\cdot\boldsymbol{X}_k+\boldsymbol{V}_k\end{cases}\tag{1-2}$$

公式（1-2）中，$\boldsymbol{X}_k$ 是系统的 n 维状态向量；$\boldsymbol{Z}_k$ 是系统的 m 维观测向量；$\boldsymbol{W}_k$ 是系统的 p 维随机干扰向量；$\boldsymbol{V}_k$ 是系统的 m 维观测噪声向量；$\boldsymbol{\Phi}_{k,\ k\text{-}1}$ 是系统的 $n\times n$ 维状态转移矩阵；$\boldsymbol{\Gamma}_{k,\ k\text{-}1}$ 是 $n\times p$ 维干扰输入矩阵；$\boldsymbol{H}_k$ 是 $m\times n$ 维观测矩阵。

关于随机线性离散系统噪声的假设如下：系统的过程噪声序列 $\boldsymbol{W}_k$ 和观测噪声序列 $\boldsymbol{V}_k$ 均为零均值或非零均值的白噪声或高斯白噪声随机过程向量序列，即

$$\begin{cases}\boldsymbol{E}\left[\boldsymbol{W}_k\right]=q_k\\ \boldsymbol{E}\left[\boldsymbol{W}_k\boldsymbol{W}_j^{\mathrm{T}}\right]=\boldsymbol{Q}_k\delta_{kj}\\ \boldsymbol{E}\left[\boldsymbol{V}_k\right]=r_k\\ \boldsymbol{E}\left[\boldsymbol{V}_k\boldsymbol{V}_j^{\mathrm{T}}\right]=\boldsymbol{R}_k\delta_{kj}\end{cases}\tag{1-3}$$

公式（1-3）中，$\boldsymbol{q}_k$ 是系统的过程噪声向量序列 $\boldsymbol{W}_k$ 的均值；$\boldsymbol{Q}_k$ 是 $\boldsymbol{W}_k$ 的方差阵，为对称非负定矩阵；$\boldsymbol{r}_k$ 是系统的观测噪声向量序列 $\boldsymbol{V}_k$ 的均值；$\boldsymbol{R}_k$ 是 $\boldsymbol{V}_k$ 的方差阵，为对称正定矩阵；δ_{kj} 是克罗尼克（Kronecker）δ 函数，即

$$\delta_{kj}=\begin{cases}0,k\neq j\\ 1,k=j\end{cases}$$

所谓离散线性系统的卡尔曼滤波，就是利用观测向量 Z_1，Z_2，…，Z_k，由相应的状态方程和噪声的统计特性求 $\boldsymbol{k}$ 时刻状态向量 X_k 的最佳估计值。其卡

尔曼滤波算法如下：

$$\begin{cases} \hat{\boldsymbol{X}}_{k,k-1} = \boldsymbol{\Phi}_{k,k-1}\hat{\boldsymbol{X}}_{k-1} + \boldsymbol{\Gamma}_{k-1}q_{k-1} \\ \tilde{\boldsymbol{Z}}_k = \boldsymbol{Z}_k - \boldsymbol{H}_k\hat{\boldsymbol{X}}_{k,k-1} + r_{k-1} \\ \boldsymbol{P}_{k,k-1} = \boldsymbol{\Phi}_{k,k-1}\boldsymbol{P}_{k-1}\boldsymbol{\Phi}_{k,k-1}^{\mathrm{T}} + \boldsymbol{\Gamma}_{k-1}\boldsymbol{Q}_{k-1}\boldsymbol{\Gamma}_{k-1}^{\mathrm{T}} \\ \boldsymbol{K}_k = \boldsymbol{P}_{k,k-1}\boldsymbol{H}_k^{\mathrm{T}}\left(\boldsymbol{H}_k\boldsymbol{P}_{k,k-1}\boldsymbol{H}_k^{\mathrm{T}} + \boldsymbol{R}_{k-1}\right)^{-1} \\ \hat{\boldsymbol{X}}_k = \hat{\boldsymbol{X}}_{k,k-1} + \boldsymbol{K}_k\tilde{\boldsymbol{Z}}_k \\ \boldsymbol{P}_k = \left[\boldsymbol{I} - \boldsymbol{K}_k\boldsymbol{H}_k\right]\boldsymbol{P}_{k,k-1} \end{cases} \tag{1-4}$$

由公式（1–4）可看出，卡尔曼滤波算法的基本方程是递推形式，其计算过程是一个不间断的预测、修正过程，求解时不需要存储大量数据，并且一旦观测到新的数据，随时可算得新的估计值，因此卡尔曼滤波算法非常便于实时处理和通过计算机实现。

1.2.2　卡尔曼滤波回归统计模型建模方法

卡尔曼滤波回归统计模型研究的目的，是将统计模型表达的回归方程转换成状态空间方程，然后利用卡尔曼滤波算法进行求解。

（1）状态方程和观测方程的建立

在卡尔曼滤波系统中，将统计模型的回归系数 $\boldsymbol{X}$ 作为 n 维状态向量，由于受各种系统噪声 $\boldsymbol{W}$ 的影响，它具有随机性，因此状态方程为

$$\boldsymbol{X}_k = \boldsymbol{X}_{k-1} + \boldsymbol{W}_{k-1} \tag{1-5}$$

将回归方程视为观测方程：

$$\boldsymbol{Z}_k = \boldsymbol{H}_k\boldsymbol{X}_k + \boldsymbol{V}_k \tag{1-6}$$

公式（1–6）中，$\boldsymbol{H}_k$ 为 n 维预报因子向量；$\boldsymbol{Z}_k$ 为一维观测数据（观测值）；$\boldsymbol{V}_k$，$\boldsymbol{W}_{k\text{-}1}$ 分别为观测噪声和系统噪声，并假定它们互不相关，均值为 r_k，$\boldsymbol{q}_{k\text{-}1}$，方差分别为 $\boldsymbol{R}_k$，$\boldsymbol{Q}_{k\text{-}1}$。

将公式（1–5）和公式（1–6）组成状态空间方程后，就可利用公式（1–4）进行滤波计算，从而得到状态向量，即统计模型的回归系数，实现统计模型的建模。

（2）系统噪声和观测噪声的统计特性

通常，噪声的均值和方差验前未知。基于观测序列 $\boldsymbol{Z}_k$ 推求噪声统计特性的方法如下：

$$
\begin{cases}
\hat{\boldsymbol{q}}_{k+1} = \dfrac{k\hat{\boldsymbol{q}}_k + \hat{\boldsymbol{X}}_{k+1} - \hat{\boldsymbol{X}}_k}{k+1} \\
\boldsymbol{Q}_{k+1} = \dfrac{k\boldsymbol{Q}_k + \boldsymbol{K}_{k+1}\tilde{\boldsymbol{Z}}_{k+1}\tilde{\boldsymbol{Z}}_{k+1}^{\mathrm{T}}\boldsymbol{K}_{k+1}^{\mathrm{T}} + \boldsymbol{P}_{k+1} - \boldsymbol{P}_k}{k+1} \\
\hat{\boldsymbol{r}}_{k+1} = \dfrac{k\hat{\boldsymbol{r}}_k + \boldsymbol{Z}_{k+1} - \boldsymbol{H}_{k+1}\hat{\boldsymbol{X}}_{k+1,k}}{k+1} \\
\boldsymbol{R}_{k+1} = \dfrac{k\boldsymbol{R}_k + \tilde{\boldsymbol{Z}}_{k+1}\tilde{\boldsymbol{Z}}_{k+1}^{\mathrm{T}} - \boldsymbol{H}_{k+1}\boldsymbol{P}_{k+1,k}\boldsymbol{H}_{k+1}^{\mathrm{T}}}{k+1}
\end{cases}
\tag{1-7}
$$

（3）滤波初值的确定

要确定系统在 k 时刻的状态，首先必须知道系统的初始状态，即了解系统的初值。对于实际问题，滤波前系统的初始状态难以精确确定，一般只能近似给定。但是，如果给定的初值偏差较大，则可能导致滤波结果中含有较大误差，由此得到的滤波值是不真实的，甚至会引起发散，因此，合理地确定系统的初值十分重要。系统滤波的初值包括：状态向量初值 $\boldsymbol{X}_0$ 及其相应的方差阵 P_0；系统噪声均值 $\boldsymbol{q}_k$ 及其方差阵 $\boldsymbol{Q}_k$；观测噪声均值 $\boldsymbol{r}_k$ 及其方差阵 $\boldsymbol{R}_k$。

状态向量初值 $\boldsymbol{X}_0$ 是起始时刻对应的量值，通常难以精确获得。在渗压分析中，可取观测值的前期小样本，通过最小二乘法求出统计模型，将其回归系数作为 $\boldsymbol{X}_0$。初期观测值在时间段上应尽量接近起始时刻，否则，解算出的 $\boldsymbol{X}_0$ 将失去初期运动状态特性。解算 $\boldsymbol{X}_0$ 的同时，可求得协方差阵 $\boldsymbol{P}_0$。

实践证明，系统噪声均值 $\boldsymbol{q}_0$ 及观测噪声均值 $\boldsymbol{r}_0$ 对滤波结果的影响不大，即使初始值选择有偏差也会迅速收敛，所以一般可以近似地取为零矩阵。系统噪声方差阵 $\boldsymbol{Q}_0$ 的选取应视状态参数而定，在稳态的自适应滤波中，可根据初始协方差的分析而定，通常取比初始协方差中主对角元略小的一些数值。观测噪声方差阵 $\boldsymbol{R}_0$ 要根据小样本中计算得到的误差标准差来确定，一般可取其平方作为 $\boldsymbol{R}_0$。

1.2.3 非线性滤波理论及应用

“估计”就是从带有随机误差的观测数据中估计出某些参数或某些状态变量。估计问题一般分为三类：从当前和过去的观测值来估计信号的当前值，称为滤波；从过去的观测值来估计信号的将来值，称为预测或外推；从过去的观测值来估计过去的信号值，称为平滑或内插。滤波理论就是在对系统可观测信号进行测量的基础上，根据一定的滤波准则，对系统的状态或参数进行估计的

理论和方法。1795 年，高斯（K.Gauss）提出了最小二乘估计法[①]。该方法不考虑观测信号的统计特性，仅保证测量误差的方差最小，一般情况下这种滤波方法的性能较差。但该方法只需要建立测量模型（测量方程），因此目前在很多领域仍有应用。

20 世纪 40 年代，维纳在《平稳时间序列的外推、内插与平滑化》中提出了维纳滤波理论。维纳滤波充分利用输入信号和量测信号的统计特性，是一种线性最小方差滤波方法。但该方法是一种频域方法，而且滤波器是非递推的，不便于实时应用。

卡尔曼于在其 1960 年发表的论文《线性滤波与预测问题的新方法》中提出了卡尔曼滤波理论。该方法是一种时域方法，对于具有高斯分布噪声的线性系统可以得到系统状态的递推最小均方差估计（recursive minimum mean-square estimation，RMMSE）将状态空间模型引入最优滤波理论，用状态方程描述系统动态模型（状态转移模型），用观测方程描述系统观测模型，可处理时变系统、非平稳信号和多维信号。采用递推计算，适宜于用计算机来实现。

该方法的缺点是要求知道系统的精确数学模型，并假设系统为线性、噪声信号为噪声统计特性已知的高斯噪声，计算量以被估计向量维数的三次方剧增。为了将卡尔曼滤波器应用于非线性系统，Bucy 和 Sunahara 等人[②]提出了扩展卡尔曼滤波（extended Kalman filtering，EKF），其基本思想是将非线性系统进行线性化，再进行卡尔曼滤波，它是一种次优滤波。

为了解决卡尔曼滤波对高维系统滤波计算量较大问题，1979 到 1985 年间 Speyer[③] 和 Kerr[④] 等人先后提出了分散滤波的思想，1987 年 Carlson 提出了联邦滤波理论（federated filtering）[⑤]。

---

① 高斯 1795 年预测星体运行轨道时提出最小二乘估计法，1809 年在其著作《天体运动论》中发表了最小二乘估计法。

②Bucy R S,Renne K D.Digital synthesis of nonlinear filter[J].Automatica, 1971,7(3): 287-289.

③SPEYER J L. Computation and tansmission requirements for a decentralized linear-quadratic-Gaussian control problem[J].IEEE Transactions on Automatic Control, 1979, 24(2):266-269.

④KERR T. Decentralized filtering and redundancy management for multisensor navigation[J].IEEE Transactions on Aerospace & Electronic Systems, 1987, aes-23(1):83-119.

⑤CARLSON N A . Federated filter for fault-tolerant integrated navigation systems[J]. Proc. of IEEE PLANS'88, Orlando, FL 1988. 110-119.

经典卡尔曼滤波应用的一个先决条件是知噪声的统计特性。但由于实际系统噪声统计特性往往具有不确定性，会导致卡尔曼滤波性能下降。为了克服这个缺点，发展起一些自适应滤波方法，如极大后验（MAP）估计、虚拟噪声补偿、动态偏差去耦估计，这些方法在一定程度上提高了卡尔曼滤波对噪声的鲁棒性。另外，为了抑止由于模型不准确导致的滤波性能下降，有限记忆滤波方法、衰减记忆滤波方法等被相继提出。人工神经网络技术与扩展卡尔曼滤波相结合，产生了一种新的自适应扩展卡尔曼滤波方法，该方法通过人工神经网络的在线训练，抑止系统未建模动态特性的影响，使得滤波器对模型不准确具有一定的鲁棒性。同时，利用滤波过程中新息序列的统计特性的自适应滤波方法也发展起来，该方法利用新息对滤波器进行在线评估、自适应修正和改进，使滤波器具有一定的鲁棒性。

针对卡尔曼滤波要求模型及信号统计特性必须准确这一问题，鲁棒滤波方法提供了另一种新的思路。滤波方法是鲁棒滤波方法中发展较快的一种，该方法以牺牲滤波器的平均估计精度为代价，来保证滤波器对系统模型不准确和噪声统计特性不确定的滤波鲁棒性能。滤波理论则研究在保证滤波鲁棒性的同时，如何进一步提高滤波器的其他性能，特别是平均估计精度。与对非线性函数的近似相比，对噪声高斯分布的近似要简单得多。基于这种思想基于这种思想，Novara[①]，Julier 和 Uhlmann[②] 发展了 UKF（unscented Kalman filter，UKF）方法。UKF 方法直接使用系统的非线性模型，假设系统噪声高斯分布，具有和 EKF 方法相同的算法结构。对于线性系统，UKF 和 EKF 具有同样的估计性能。但对于非线性系统，UKF 方法则可以得到更好的估计。Wan[③] 和 Merwe[④] 将 UKF 方法引入到非线性模型的参数估计和双估计中，提出了 UKF 方法的方根滤波算法，该算法在保证滤波鲁棒性的同时大大减少了计算量；Li

①NOVARA C, RUIZ F, MILANESE M. A new approach to optimal filter design for nonlinear systems[C]// IEEE. the 48h IEEE Conference on Decision & Control. Piscataway: IEEE, 2009: 5484-5489.

②JULIER S, UHLMANN J, DURRANT-WHYTE H F. A new method for the nonlinear transformation of means and covariances in filters and estimators[J].IEEE Transactions on Automatic Control, 2000,45(3):477-482.

③WAN E A, VAN DER R. The unscented Kalman filter for nonlinear estimation[C]// IEEE. Proceedings of the IEEE 2000 Adaptive Systems for Signal Processing, Communications, and Control Symposium. Piscataway: IEEE, 2000: 153-158 .

④VAN DER MERWE R, WAN E A. The square-root unscented Kalman filter for state and parameter-estimation[C]// IEEE. 2001 IEEE international conference on acoustics, speech, and signal processing. Proceedings. Piscataway: IEEE, 2001, 6: 3461-3464.

等人将其应用于视觉跟踪[①]。以上研究表明，当系统具有非线性特性时，UKF方法与传统的 EKF 方法相比，对系统状态的估计精度均有不同程度的提高。

EKF 和 UKF 都是递推滤波算法，它们或采用参数化的解析形式对系统的非线性进行近似，或对系统采用高斯假设，而在实际情况中非线性、非高斯随机系统估计问题更具普遍意义。粒子滤波是基于 Bayes 原理的非参数化序贯 Monte-Carlo 模拟递推滤波算法，其核心是利用一些随机样本（粒子）来表示系统随机变量的后验概率分布，适合于强非线性、非高斯噪声系统模型的滤波。卡尔曼滤波是 Bayes 估计在线性条件下的实现形式，而粒子滤波是 Bayes 估计在非线性条件下的实现形式。Bayes 估计的主要问题是先验和后验概率密度不易获取，而粒子滤波采用样本形式而不是函数形式对先验信息和后验信息进行描述。该算法可以解决传统 EKF 的非线性误差积累问题，精度逼近最优，数值稳健性也很好，只是计算量较大。

目前，在实际应用中非线性滤波算法的选取还应根据具体应用场合和条件，在估计精度、实现难易程度、数值稳健性及计算量等各种指标之间综合权衡。例如，在雷达对再入飞行目标进行跟踪的问题中，由于目标再入速度极快，系统模型受到复杂的空气动力影响而呈现出很强的非线性，通常用 UKF 方法更适合。但是如果再入飞行器的空气动力特性已知（弹道系数已知），则系统模型呈弱非线性，此时 EKF 效果优于 UKF。基于插值展开近似方法计算简单、精度高、适应面广、数值稳健性好，是一种很有发展前途的非线性估计方法。无迹卡尔曼滤波和粒子滤波用非线性变换代替传统的线性变换，体现了非线性滤波算法应更接近系统的非线性本质的思想，代表了非线性滤波的发展方向。

①LI P, ZHANG T, MA B. Unscented Kalman filter for visual curve tracking[J]. Image and Vision Computing, 2004, 22(2):157-164.

第2章 染色工艺及检测技术概述

染整行业是纺织工业的重要组成部分，是提升产品质量、提高产品附加值的关键行业。近年来，随着国内外市场对针织品需求的增加，染整行业得到了快速发展，我国纺织品年加工量过千万吨，居世界首位。[①] 同时，伴随着染整行业的高速发展，其高耗水、高耗能和高污染的问题日益突出，越来越受到资源和环境的制约。据不完全统计，我国纺织行业的年总能耗为 6 867 万 t 标准煤，年耗水量达 95.48 亿 t，新鲜水取用量居全国各行业第二位，废水排放量居全国第六位，其中印染废水占全国纺织废水排放量的 80%。[②]随着我国纺织工业的迅速发展，能源消耗总量和污染物排放总量不断增加，节能降耗减排的任务愈加艰巨。

当前我国染整行业存在的主要问题是：一方面，能耗高、污染严重；另一方面，产品质量差、档次低。其根本原因，除了染整行业本身的工艺技术及相关行业的面料、染料助剂等不足之外，还与染整设备自动化水平不高，在线质量控制技术的欠缺等现状密切相关。

大部分印染企业由于染整设备自动化水平不高，在生产中处于一种应付状况，仅能达到客户质量要求下限，在质量控制把关上不够严格，导致纺织产品整体水平上不去，产品档次低，附加值不高。染整设备机电一体化水平有待提高，工艺参数在线监测技术有待完善，染色生产过程中大多数产品质量指标如织物色泽、色差、色牢度等缺乏有效的在线测量和控制手段。织物在染色时产生的色差是最关键的质量指标，而色差在线监控技术问题一直得不到很好的解决。染色过程的自动化水平普遍不高，是造成质量稳定性差、染色一次合格率（right first time,RFT）低，回修量大，能耗高及废水排放量大、污染程度高等严重问题的主要原因。

染整加工是提升整个针织产品质量和档次、提高产品附加值的关键环节，更是节水、节能、降耗最重要的要素。因此，为了缓解资源和环境方面的压力和提升产品品质，一方面，印染企业要进行清洁生产的染整工艺设计。首先要提高资源利用率，减少污染物的产生和排放，要节水、节能，尽量少用或不用

① 全球纺织网．针织物染整工艺的现状及发展趋势 [EB/OL].(2016-09-28)[2021-05-04]. https://www.tnc.com.cn/info/c-042002-d-3588276.html.

② 王佳丽，余建华，吴潇，等．印染行业的节能与减排 [J]. 染整技术，2009, 31(1):25-28.

有毒的染料、助剂，采用低废或无废工艺。从工艺设计的源头做到节能减排，选用高效的设备和完善的管理制度，从而生产绿色环保针织产品。对整个染整工艺的研究与改进是纺织工业可持续发展的必经之路。另一方面，企业要进一步提高染整加工技术水平以及染整设备先进程度，从而增强企业在国际市场的竞争力、提升产品质量和附加值，达到节水、节能、降耗和清洁生产。这将是影响染整工业发展的重要因素。印染产品整理加工中的常规工艺主要包括前处理、染色、后整理三大工序。其中，染色加工作为整个染整加工过程的一个关键工序，在很大程度上决定了纺织产品的质量，提高染色一次合格率更是改善产品品质、提高生产效率、节约能源、减少污染的最主要手段。因此，为了达到保质、高产、节能的目的而进行的染色过程质量控制，可以创造很好的经济效益。

织物色泽是评定染色过程产品质量的一个重要内容，而在线颜色监测系统则是染色过程中质量控制的必备工具。在整个染色过程中在线颜色监测系统可以为我们提供关于纺织产品加工时颜色的实时信息，辅助进行产品的质量过程控制，从而提高产品品质，对于提高产品一次合格率和稳定产品质量具有重要意义。总之，染整行业应加强对染色过程质量在线监控及工艺参数自动化检测技术的开发，提高染色一次合格率是提升产品质量和实现清洁生产的关键。

2.1 染色过程机理及其特点

染色，就是利用有色染料与纤维材料发生物理或化学的结合，使纺织纤维获得一定牢度的颜色的加工过程。织物染色是将纺织纤维置于含有染液的染机中，在一定的温度、时间、pH 值和所需染色助剂等条件下进行的，经过反复的化学反应，使染料固着在纤维上。染料之所以能固着到纤维上是因为它们之间存在力的作用，并且以物理、物理化学和化学等不同方式结合在一起。各类纤维制品的染色，都有各自适宜的工艺条件。为了满足消费者要求和保证染色质量，通常需要合理地选择染料品种，制订适宜的染色工艺对染机进行操作。一般地，染色方式分为连续式和间歇式两种加工方式。当前，印染企业为了适应小批量、多品种的市场需求，普遍采用间歇式染色加工方式。

2.1.1 间歇式染色工艺过程

间歇式染色的基本工艺流程如图 2-1 所示。间歇式染色也称为浸染，即

为了使织物染色匀透，将织物反复浸渍于含染料及所需助剂的染液中，在一定温度下，通过染浴循环或织物运动，使染料逐渐上染织物。绳状染色和卷染都属于此范畴。

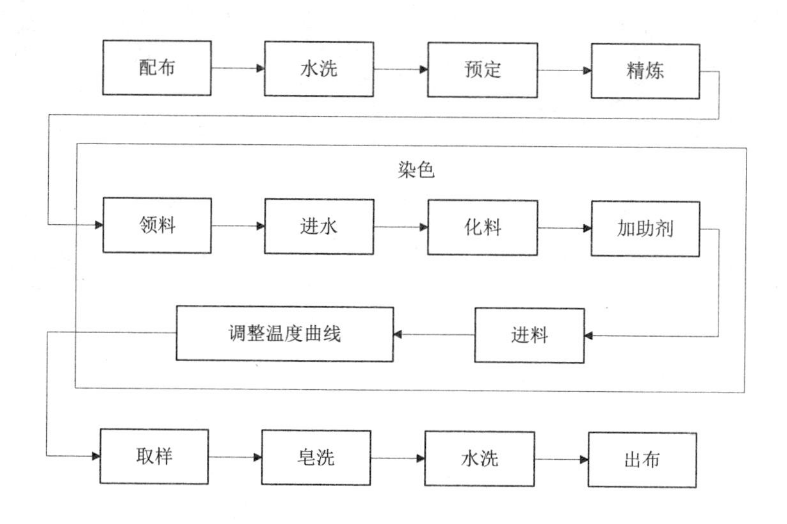

图 2-1　典型间歇式染色过程工序图

浸染使用的设备一般是间歇染机，如溢流染色机，属于绳状染色机类型，适用于弹力织物等纺织品的染色。采用溢流染色机染色时，染液由离心泵从染槽前端多孔板底下抽出，送到热交换器加热，再从顶端进入溢流槽。溢流槽内平行装有两个溢流管进口，当染液充满溢流槽后，由于和染槽之间的上下液位差，染液溢入溢流管时带动织物一起进入染槽，如此往复循环，达到染色的目的。图 2-2 所示为香港立信公司开发的 ECO-88 D 高温高压溢流染色机。

图 2-2　ECO-88 D 高温高压溢流染色机

间歇染机在整个染色过程中,主要是执行一条由经验预先制定的工艺曲线,在工艺曲线中既有多段不同速率的升温段和降温段，以及多段不同时间段的保温段,又有配料、进料、进水、排水等辅助工序。根据染色生产特点可将整个染色过程分为以下几个工序:①入水；②入布；③配料；④进料；⑤压力控制；⑥升温；⑦保温；⑧降温；⑨取样；⑩ 皂洗；⑪ 水洗；⑫ 出布；⑬ 排水。图 2-3 所示为染色过程的一个工序。

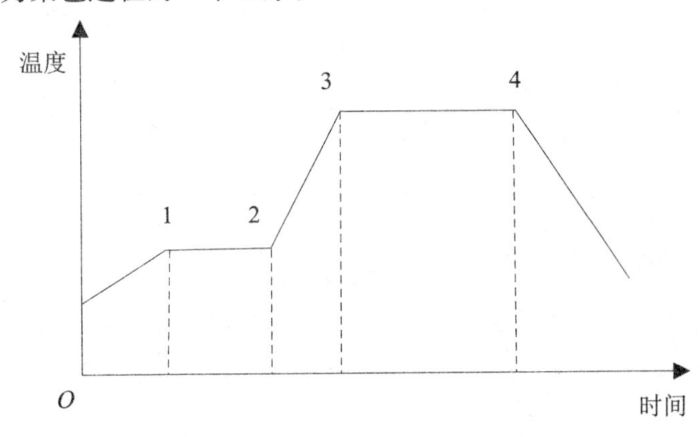

图 2-3 染色过程的一个工序

在染色过程中，染料的上染过程主要取决于染料的结构和纤维的性能以及两者的结合力，它受到很多因素的影响，包括染机性能、染料的浓度及染色助剂量、染色工艺（包括 pH 值、温度曲线等），这些因素都会对染料的上染率产生影响，进而影响染色的质量（色泽、匀染性、透染性、色牢度）。

2.1.2 间歇式染色过程的特点

间歇染机的种类很多，最常见的有卷染机、溢流染色机和喷射染色机等。间歇染机的染色过程通常是在密闭、高温、高压条件下进行，织物在染机中循环运动，处于卷曲、湿润的状态。因此，间歇式染色过程的特点体现在：①间歇式染色过程在高温高压密封的染机中进行，不能中途对织物进行取样，从而不能在线直接测量织物色泽。只能待织物染色结束后，由现场工人目测织物是否合格，或从染机内取样由测色人员用测色仪进行测色，无法进行在线质量控制。②染色过程是一个复杂的物理化学反应过程，对其进行有效控制的前提是建立合理有效的染色过程数学模型，但由于染色过程往往是呈非线性动态行为，而且对染色内在机理的研究目前还不够完善，影响染色过程产品质量的因素多而复杂，因此建立能够准确反映染色过程产品质量的数学模型存在困难。

间歇式染色过程的质量控制方法的发展有以下两个方面的限制：①缺乏有效的测量产品质量的在线测量仪器；②生产过程机理复杂，构建反映染色过程产品质量的数学模型存在困难。

2.2　染色过程织物色泽在线测量技术的研究现状

一些发达国家对染整行业在线测色系统的研究较为重视，特别是连续式染色方法的在线测色技术的研究。早在20世纪60年代IDL公司就已研制出样机，70年代末美国Macbeth公司生产的MS–4045在线分光光度计趋于实用阶段，80年代初日本Shibanra电气有限公司研制的在线颜色测量装置也获得了较好的结果。Barco公司推出一种实时的颜色监测系统，用于染整机组和织物监测器上，该系统称为“Eye opener”，可在整个织物幅宽上连续检测，成功用于牛仔布织物的色差检测。德国门富士（Monforts）公司展示MATFX–COLOR智能轧车的在线色差控制技术，它可以实现在线湿度监测的浸轧自动控制和在线色差监测的浸轧自动控制，确保产品质量，提高生产重现性。德国Mahlo公司生产的Color scan CMS–9可监控轧染工艺，通过测量织物显出湿态时颜色，以检验轧液率的量，使之可能控制染色过程。以色列EVS公司的Svalite在线色差分析仪采用视频信息，可多方位在线检测的布面左、中、右色度进行色差分析。德国的格明达–麦克贝斯（Gretag-Macbeth）公司研制了适用于连续式染色的在线颜色测量系统ER 50 PA，如图2–4所示。在线颜色测量系统ER 50 PA是非接触测量，并对织物颜色进行不间断的过程监测，具有光谱颜色测量精确、自动校正数据以及测量结果稳定等优点。

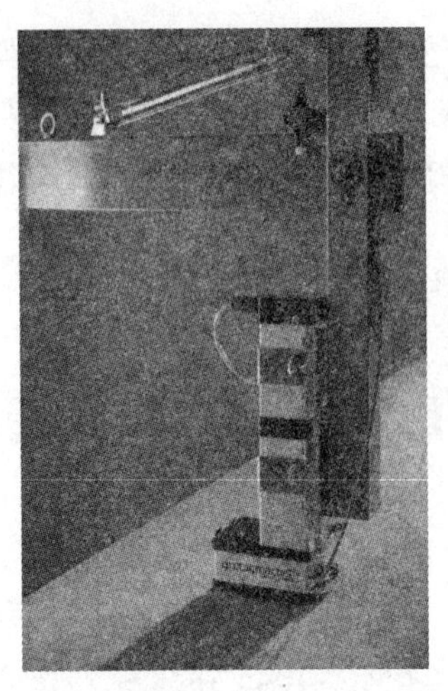

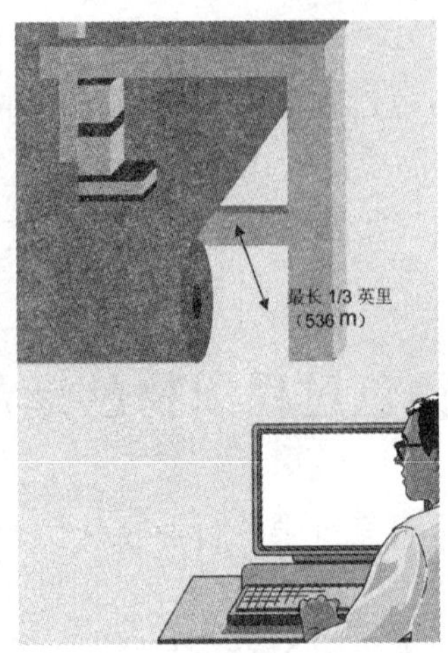

图 2–4 连续式染色的在线颜色测量系统 ER 50 PA

连续式染色过程的在线测色技术发展至今已经很成熟，在实际生产也得到了广泛应用，同时取得了很好的经济效益，其成功应用与其染色特点密切相关。连续式染色是将织物在染液中经过短暂的浸渍后，用轧辊轧压，将染液挤入纺织物的组织空隙中，并除去多余的染液，使染料均匀地分布在织物上的方法。织物在平幅状态下完成染色，待测样布可以达到常规测色仪器的要求，在线测色系统将光谱检测技术和计算机技术相结合，使用分光光度计做非接触织物光谱测量，由计算机处理颜色数据，以提供完整的织物色泽变化信息，在颜色变化超过色差容限之前对染色过程进行控制，避免产品返工，提高了生产效率，稳定产品质量。图 2–5 所示为连续轧染机。

图 2–5 连续轧染机

然而，对于间歇式染色加工的在线测色技术，目前国内外只有瑞士 Mathis AG 公司研制出了用于浸染工艺的染浴监控系统 Smart Liquor，该系统采用高级分光光度计对间歇染机中染液进行连续性的在线测量和分析，有助于改善染料和助剂的质量控制，是现代强有力的染浴分光光度分析方法。北卡罗来纳州立大学使用 FIA–HPLC 分析技术在线监控活性染料的竭染和水解，通

过实时监测染色过程中的可控变量（如染料浓度、pH值和温度等），并调整这些参数来达到控制色差的目的。除此之外，国内外尚无应用于实际间歇式染色生产的织物色泽在线测量系统的研究论文和专利报道。大多数研究学者侧重于研究染色工艺参数优化来减少色差[①]，这种方法依赖于经验的工艺曲线而不是真正有效的在线测色方法。同时，一部分学者基于模式识别的方法，通过大量的输入输出实验数据，寻求色差与染色工艺参数的关系[②]，但这些经验模型可靠性差，适用范围小，而且很难有效地应用于生产实践中。间歇式染色过程织物色泽在线测量技术研究出现空白，其主要原因是间歇式染色条件的特殊性和染色机理的复杂性。间歇式染色过程织物色泽在线测量是国内外染整行业一直未能解决的重大技术难题。

因此，如何在间歇染色生产中推行各种先进检测技术和优化控制策略，解决间歇染机中织物色泽在线监控的难题，达到提升和稳定产品质量、提高产品一次合格率、降低能源消耗、减少污染、节约成本的目的，是目前我国染整行业急需解决的重点难题。先进控制理论和检测及自动化技术的发展以及最优估计算法的成熟为间歇生产过程中先进测控技术的应用提供了坚实的保障。

2.3　智能化检测技术

软测量（soft-sensor）是近年来过程控制和检测领域涌现出的一种新技术。它是用来“测量”那些难以测量或暂时无法测量的重要变量。其原理是以易测过程变量为基础，利用易测过程变量和待测过程变量构成的数学模型，通过某种数学方法来推断和估计待测过程变量。伴随着计算机技术和建模技术的高速发展，软测量技术已经在许多复杂工业过程的参数检测中得到成功应用。因此，软测量方法成为实现间歇式染色过程中织物色泽在线测量的最佳途径。本研究针对间歇式染色过程中织物色泽不可直接测量的特点，提出通过测定间

---

① 李志良，刘一鸣，石乐明，等．卡尔曼滤波－分光光度法用于多组分分析[J]. 分析测试通报，1989,8(6):38－43；王雁鹏，董旭辉，陈岩，等．卡尔曼滤波分光光度法同时测定混合氨基酸[J]. 光谱实验室，2006,23(6):1166－1169；蔡卓，赵静，江彩英，等．卡尔曼滤波紫外分光光度法同时测定盐酸异丙嗪和盐酸氯丙嗪[J]. 广西大学学报（自然科学版），2009, 34 (3):340－346.

② 余煜棉，张音波，刘春英，等．卡尔曼滤波分光光度法同时测定扑热息痛四组分的研究[J]. 光谱学与光谱分析，2003,23(5):1005－1007；朱志臣，汤红梅，倪丽琴，等.Kalman滤波同时测定苯酚和2,4－二氯苯酚[J]. 天津城市建设学院学报，2008,14(3):219－222.

歇染机中染液的染料浓度来获得织物色泽的在线软测量方法。在设计织物色泽软测量系统过程中，包含两个主要的研究内容：①建立间歇式染色过程中织物色泽软测量模型；②实时监测间歇染机中染液的染料浓度。其中，间歇染机中染液的染料浓度检测是整个织物色泽软测量系统的重点和难点。

根据间歇染机中染液各组分染料浓度的不同检测途径，本研究设计了两种软测量方案，即基于染色动力学模型的软测量方案和基于状态估计的软测量方案。

2.3.1 基于染色动力学模型的软测量方法

（1）测量原理

在基于染色动力学模型的软测量中，首先，通过染色机理分析，在菲克（Fick）定律基础上，确定染色动力学模型结构和染色过程中织物色泽软测量模型结构，使用大量过程数据对模型参数进行估计，建立染色过程染料上染率动力学模型和织物色泽软测量模型；其次，选定染料、织物和染色工艺参数操纵间歇染机进行染色作业，根据染色动力学模型确定染色过程任一时刻染料上染率；最后，通过织物色泽软测量模型估计织物色泽三刺激值 *XYZ* 及 *RGB* 颜色仿真值，并在计算机上显示。本方案的测量原理图如图 2-6 所示。

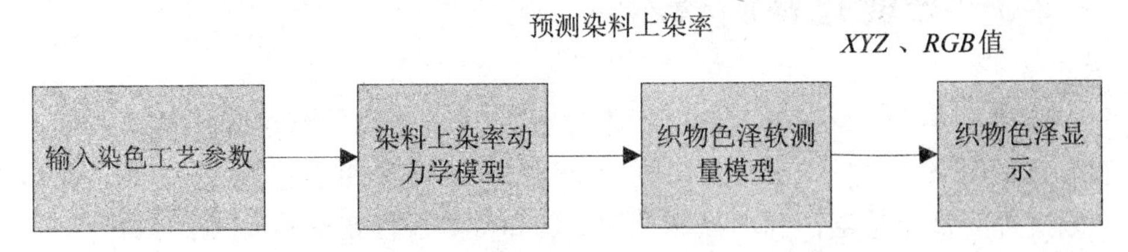

图 2-6　基于染色动力学模型的软测量方法的原理图

（2）方案分析

基于染色动力学模型的软测量方案存在的技术难点是建立准确的染色动力学模型，其主要原因是染色过程机理不清晰，影响染料上染率的因素多而复杂。因此，为了建立准确的染色机理模型，需要了解染料化学特性和结构，明确面料纤维结构，熟悉染色过程的物理化学机理。从染色热力学和动力学角度出发，研究染料分子向纤维内部扩散的现象，掌握染料上染率和扩散系数与染色温度、染机转速、助剂量、浴比、面料结构等之间的关系，建模工作量大。

基于染色动力学模型的软测量方案存在的技术缺陷是忽略染色过程中所选用染料之间的相互作用，以及缺乏滤除测量噪声的有效方法。在实际的染色

过程中，一般采用3种染料组成的混合染液，在一定染色助剂量条件下进行染色。在配制的染液中，当染料配方中浓度较大时，染料的水解反应变得明显，染料之间的相互作用也相对激烈。此时，染色动力学模型由于没有考虑这些因素而出现较大的偏差，预测性能下降；同时，由于缺少很好的消除测量噪声的方法，使整个软测量系统的精确性和稳定性下降。因此，本方案只适用于低浓度各组分染料相互独立的混合染液的染色过程。

2.3.2 基于状态估计的软测量方法

（1）测量原理

根据状态估计原理，基于状态估计的软测量方法就是把软测量问题转化为状态观测和状态估计问题，主要用于对象模型已知的测量过程。对于软测量，状态估计实质上是从辅助变量到主导变量的估计过程。

基于状态估计的软测量方案的主要思想是，通过测量间歇染机中染液的吸光度，基于Lambert–Beer定律，应用状态估计算法测定染液多组分染料浓度。然后，根据间歇式染色过程中织物色泽软测量模型估计间歇染机中织物色泽，实现织物色泽的在线测量。其中，建立混合染液多组分染料浓度与吸光度的数学模型、织物色泽软测量模型和设计相应的最优状态估计算法是本方案的主要研究内容。本方案的软测量原理如图2–7所示。

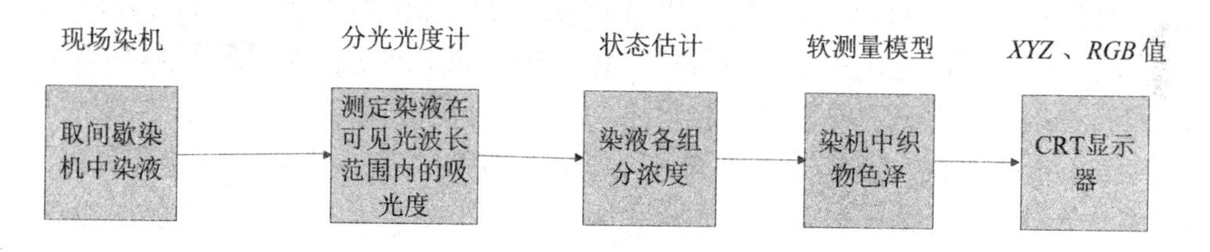

图2–7 染液染料浓度同时测定软测量方案

（2）方案分析

基于状态估计的软测量方案的技术难点是在建立混合染液多组分染料浓度与吸光度的数学模型的基础上设计相应的滤波算法。在染色过程中，对于混合染液光度分析体系满足Lambert–Beer定律和吸光度线性加和性的情况，采用卡尔曼滤波算法来有效地估计混合染液中各组分染料浓度，以消除在实际测量过程中由于染料间相互作用、助剂用量变化以及仪器本身存在的缺陷如入射单色光不纯、比色皿被污染等因素带来的扰动对测量结果的影响。但是，对于染料极性强、分子间相互作用无法忽视，染料与水发生水解反应这样复杂的染色过程，必须研究混合染液吸光度与各组分染料浓度的非线性模型及其相应的非线性滤波算法。针对高浓度混合染液的染色过程，本方案在吸光度加和性的基础上，考虑染料的水解反应和染料间相互作用的影响，建立了非线性吸光度的数学模型，分别设计扩展卡尔曼滤波、粒子滤波等非线性滤波算法对混合染液各组分染料浓度进行有效估计，以提高测量精度和稳定性。

基于状态估计的软测量方案的优势是系统的观测模型，即混合染液吸光度与各组分染料浓度的模型建立相对容易，且通用性较强，同时应用滤波算法有效地消除了测量噪声对测量结果的影响，测量结果相对稳定。

2.4 混合染液的多组分测定方法

本书的核心内容之一是如何实时检测间歇染机中混合染液各组分染料浓度测量并有效地减少测量误差，即多组分混合物的定量测定问题。国内外研究学者在该研究领域已取得了一定的研究成果。20 世纪 70 年代国外就已经研制出了染料浓度实时监测的实验设备。近几年瑞士 Mathis 公司已开发出具有全自动功能的在线监测 Smart Liquor 试验机，如图 2-8 所示。Smart Liquor 试验机采用高级分光光度计对染液进行连续性的在线测量，也可以对各种单一染液进行离线测量。Smart Liquor 试验机可以与所有染色机联机使用，既可以应用在实验室，也可以应用在生产流程中。Roaches Int.Ltd 公司也研发了具有类似功能的 Colortec 型试验机。这些仪器主要用于染色工艺研究，有助于纺织品染色技术水平的提高。东华大学的屠天民等人[①] 采用常规分光光度计和计算机，设计了一套简单实用的染料浓度在线监测装置，为染色在线监测技术的研究和发展提供了经验。但是，以上的研究及其设备只适用于单一染料溶液的染料浓度监测，对于多染料的混合染液的在线监测技术的研究仍在探索中。

① 屠天民，骆钦，施睿，等．染色过程中染料浓度的在线监测 [J]. 印染，2009(9):19-22.

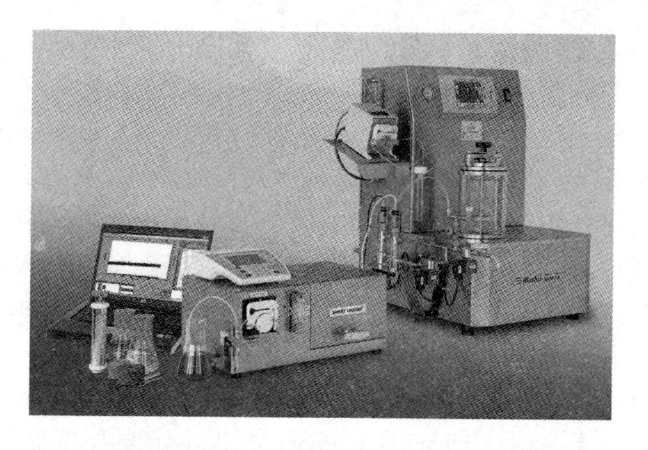

图 2-8　瑞士 Mathis 公司研制的 Smart Liquor 试验机

1979 年 Poulisse 成功地将线性卡尔曼滤波应用于多组分光度分析，从此线性卡尔曼滤波器开始成为多组分分析的主要技术。卡尔曼滤波（Kalman filtering，KF）方法是 20 世纪 60 年代初由美国学者卡尔曼（Kalman R. E.）等[①] 提出的用作线性参数统计估计的一种最优递推滤波方法。所谓滤波，即通过对一系列含噪声的实际测量数据进行处理，消除噪声或干扰，得到有用的状态估计值。Kalman 滤波算法不仅对复杂的数据具有很强的解析功能，而且具有适应性广、计算速度快等特点。该算法应用于光度分析测定多组分以来，取得了很好的效果，并解决了一些实际问题。

但是，线性 Kalman 滤波器分析方法的依据是吸光度的线性 Lambert-Beer 定律。事实上，多组分混合体系的吸光度的线性加和性仅限于不存在或忽略各组分之间彼此相互作用时才成立。因此，对于染料极性强、染料分子间相互作用无法忽略，染料与水发生水解反应的复杂的染色过程，必须研究吸光度与染料组分的非线性模型及其相应的非线性滤波算法。王强、朱志臣等人提出利用扩展卡尔曼滤波（extended Kalman filtering）[②] 算法来同时测定苯酚和 2,4- 二氯苯酚的方法，并给出其非线性吸光度表达式，该方法在多组分混合体系的定量分析中具有一定创新性和参考价值，但是，对于更为复杂的混合染料上染过程，需要选择适应能力更强的非线性滤波算法。

① 王强，马沛生，汤红梅，等．扩展 Kalman 滤波器同时测定苯酚和邻氯苯酚 [J]. 光谱学与光谱分析，2006,26(5):899-903.

② 王强，马沛生，汤红梅，等．扩展 Kalman 滤波器同时测定苯酚和邻氯苯酚 [J]. 光谱学与光谱分析，2006,26(5):899-903；朱志臣，汤红梅，倪丽琴，等，Kalman 滤波同时测定苯酚和 2,4-二氯苯酚 [J]. 天津城市建设学院学报，2008,14(3):219-222.

在最优估计理论中，最常用的非线性滤波是卡尔曼滤波算法。其本质思想就是通过对非线性函数的 Taylor 展开式进行一阶线性化截断，将非线性滤波问题转化为线性滤波问题，而且是基于高斯噪声（Gaussian noise）假设。对于强非线性系统，线性化往往会带来很大的截断误差，从而致使卡尔曼滤波方法的性能变差，甚至导致滤波发散。在实际情况中，非线性、非高斯随机系统估计问题更具普遍性。对于多组分混合体系较为复杂的非线性吸光度函数时，卡尔曼滤波算法存在难以求解其雅可比（Jacobi）矩阵的问题。针对复杂的非线性多组分分析，粒子滤波（particle filtering，PF）算法是克服卡尔曼滤波算法不足的有效方法。粒子滤波是英国学者 Gordon、Salmond 等在 1993 年提出的[①]，它是一种基于贝叶斯（Bayes）估计原理的序贯蒙特卡罗（Monte Carlo）模拟方法，其核心是利用一些随机样本（粒子）来表示系统随机变量的后验概率密度，以得到状态的最优估计，不受模型的线性程度和高斯噪声假设约束，在处理非高斯非线性时变系统的参数估计和状态滤波问题方面有独到的优势。从本质上讲，粒子滤波是一种较为复杂的基于随机模拟的模型估计技术。粒子滤波算法作为一种基于贝叶斯估计思想的非线性滤波算法，近年来在目标跟踪、语音信号处理、复杂工业过程故障诊断等领域都得到了成功的应用。本书将采用粒子滤波算法同时测定混合染液中各染料浓度，提高测量精度和稳定性。

①GORDON N J ， SALMOND D J ，SMITH A. Novel approach to nonlinear/non-Gaussian Bayesian state estimation[J]. IEE Proceedings F - Radar and Signal Processing, 2002, 140(2):107-113.

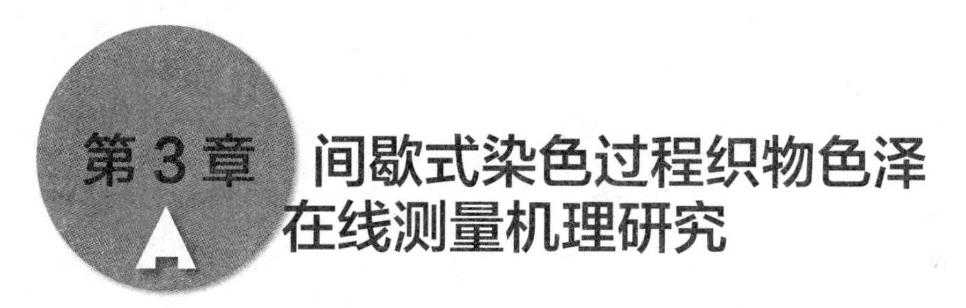

第3章 间歇式染色过程织物色泽在线测量机理研究

在染整生产过程自动化领域中，自动检测和自动控制是核心组成部分。近些年来，随着科技的迅速发展，生产方式从劳动力密集型加工逐渐转化成高速、高效和高自动化加工。在印染的整个生产过程中，由于自然因素或人为因素，产品质量往往会发生波动，织物色泽偏离色差容限而导致不合格。因此，要达到良好的工艺稳定性和质量重现性，就必须对产品质量进行及时测量，在工艺过程中实施自动化控制，减少人为因素的影响，以消除偏差，从而使产品质量保持在规定的范围内。在染整生产过程中，对织物色泽进行检测和控制是决定产品质量和生产效率的重要因素。如果能够实现染色过程中织物色泽的在线测量，就可以对染色过程产品质量进行实时控制，根据染色过程的染色状态，实时调整工艺参数，实现纺织产品色差在线校正，保证染色过程在最优的工艺条件下进行，从而可以避免由操作条件和其他不可测扰动对染色过程造成影响，从而导致产品不合格进行回修的现象，进而提高产品一次合格率，降低生产成本，减少染色过程染料、助剂和水电气的消耗。

为了在间歇式染色加工过程中实现织物色泽的在线测量，就应对色度学理论、库贝尔卡－蒙克理论和染色化学理论进行深入的分析，构造合理的间歇式染色过程织物色泽软测量模型结构。

3.1　色度学理论

3.1.1　颜色的三刺激值

为了满足传递、交流颜色信息的需要，人们一直在探索颜色的准确表达。颜色的实质是可见光谱的辐射能量对人眼的刺激所引起的色知觉。国际照明委员会 (CIE) 采用三刺激值来表示特定条件下的物体表面颜色，并规定了 CIE 标准色度观察者的数据，即光谱三刺激值，从而奠定了颜色测量的基础。

三刺激值是指在三原色系统中，与待测色达到颜色匹配时所需的三原色刺激的量，颜色知觉可以通过三刺激值来定量表示。在颜色匹配实验中，待测色也可以是某一种波长的单色光，对应一种波长的单色光可以得到一组三刺激值。对不同波长的单色光做一系列的匹配实验，可以得到对应于各种波长的单色光的三刺激值。如果将各单色光的辐射能量值都保持相同来做上述一系列实验，所得到的三刺激值就称为光谱三刺激值。任意色光都可看成是由可见光波段内所有单色光组成的，如果各单色光的光谱三刺激值预先测得，根据格拉斯曼（H.Grassman）颜色混合定律① 就能计算出该色光的三刺激值。由此可见，用三刺激值来定量描述颜色是一种可行的方法，为了测得物体颜色的三刺激值，就必须知道光谱三刺激值。

国际照明委员会（CIE）在 1931 年的第八届会议上提出了一系列色度系统，这一系统主要以两组基本视觉实验数据为依据：一组称为“CIE 1931 标准色度观察者光谱三刺激值”，适用于 1° ～ 4° 视场颜色测量；另一组称为“CIE 1964 补充标准色度观察者光谱三刺激值”应用于视场大于 4° 时的颜色精密测量，它适用于 10° 视场的颜色测量。这两组数据是进行颜色测量和色度计算的最基本参数（见附录 1）。

由不同的 CIE 标准色度学系统计算得到的颜色的三刺激值的表示方式也有所不同。如由 CIE 1931—RGB 色度系统得到的为颜色三刺激值 *R*、*G*、*B*，而由 CIE 标准色度学系统得到的为颜色三刺激值 *X*、*Y*、*Z*。由于 CIE 1931—RGB 色度系统存在计算颜色的三刺激值时会出现负值，从而给大量的数据处理带来不便的问题，因此，在颜色测量应用中，通常使用的是 CIE 标准色度学系统，颜色三刺激值也是指三刺激值 *X*、*Y*、*Z*。

3.1.2 CIE 标准照明体和标准光源

物体的颜色与照明光源有着密切的关系，同一物体在不同的照明条件下会呈现不同的颜色，因此为了统一颜色的评价标准，国际照明委员针对颜色的测量和计算推荐了几种标准照明体和标准光源（见附录 2），其中包括标准照明体 A、B、C 和 D_{50}、D_{55}、D_{65}、D_{75} 等多种照明体 D，以及标准光源 A、B、C。对颜色的评价是在规定的标准照明体或标准光源下进行的。

（1）标准照明体

CIE 规定的标准照明体是特定的光谱能量分布，是规定的光源颜色标准。标准照明体不一定必须由一个光源直接提供，也并不一定用某一光源来实现。

标准照明体 A 代表了绝对温度 2856K（1968 年国际实用温标）的完全辐

①D.H.Brainard , B. A. Wandell. Asymmetric color matching: how color appearance depends on the illuminant[J] J. Opt. Soc. Am.,1992:1433-1439.

射体的辐射，它的色品坐标落在 CIE 1931 的黑体轨迹上。标准照明体 B 代表相关色温约 4874K 的直射阳光。标准照明体 C 则代表相关色温大约为 6774K 的平均昼光，它的光色近似于阴天的天空光。标准照明体 D 代表各时日光的相对光谱功率分布，也被称之为典型日光或重组日光。由于其与实际日光具有很相近的相对光谱功率分布，因此 CIE 优先推荐 D_{50}、D_{55}、D_{65}、D_{75} 的相对光谱功率分布作为代表日光的标准照明体。

CIE 标准照明体 D_{65} 是以在地球上不同地点对日光进行光谱辐射检测的大量数据为基础，总结出的一组相对光谱功率分布数据，它的相关色温是 6500K。标准照明体 D_{65} 近似平均自然昼光，与整个天空的散射光和阳光同时照射在一个水平面上的情况有很好的一致性。

（2）标准光源

光源是指物理照射体，如灯、太阳等。

CIE 规定以色温为 2856K 的钨丝白炽灯作为标准光源 A，标准光源 B 由 A 光源加罩 B 型戴维斯－吉伯逊（Davis-Gibson）液体滤光器组成，其光色相当于中午日光。标准光源 C 则由 A 光源加 C 型戴维斯－吉伯逊液体滤光器实现，以产生分布温度为 6774K 的光谱辐射。

3.1.3　计算机测色原理

色度学是颜色学科中研究颜色度量和评价方法的一个重要领域。在颜色科学发展的初期，目视是主要的颜色评价手段，但是这种方法因为受到照明条件、材料光泽、纹理、大小形状、背景亮度以及操作人员视觉生理和心理上的差异等方面因素的影响，准确度低，一致性差；即使采用同一个人多次重复判定或者不同人员的平均判定，其评价结果仍然会出现相当大的离散性和随机误差。因此，基础色度学给出了如何用科学的方法来定量地描述和测量一种颜色的方法，也给出了判定两个色样是否匹配的方法，即两个色样在某一光源的照明下，如果对应的三刺激值 X、Y、Z 分别相等，则这两个色样在该光源下为条件等色，反之则认为两个色样之间存在色差。

颜色测量随着被测颜色对象性质的不同可分为自发光体颜色的测量和物体表面色的测量。例如，光源、电视机等所产生的颜色是它们自身辐射而成，所以这种颜色的测量主要是确定被测颜色对象的光谱功率分布；而纺织品测色所讨论的是物体受到光源照明后经过自身的反射而形成的人眼观察到的颜色，这类颜色实际上是物体表面反射的光度特性对照明光源的光谱功率分布进行调制而产生的，因此物体表面色的测量主要是测定物体表面的光谱反射比，即反射率。

CIE 标准色度学系统是客观测量物体表面色的基础，CIE 三刺激值的计算公式为

$$X = k\int_{\lambda} \varphi(\lambda)\bar{x}(\lambda)\,\mathrm{d}\lambda$$
$$Y = k\int_{\lambda} \varphi(\lambda)\bar{y}(\lambda)\,\mathrm{d}\lambda$$
$$Z = k\int_{\lambda} \varphi(\lambda)\bar{z}(\lambda)\,\mathrm{d}\lambda \tag{3-1}$$

公式（3–1）中，积分范围在可见光波段内，通常 λ 取 400~700nm。

在实际计算时，一般采用求和式来近似公式(3–1)中的积分，如公式(3–2)所示：

$$X = k\sum_{\lambda=400\text{nm}}^{700\text{nm}} \varphi(\lambda)\bar{x}(\lambda)\Delta\lambda$$
$$Y = k\sum_{\lambda=400\text{nm}}^{700\text{nm}} \varphi(\lambda)\bar{y}(\lambda)\Delta\lambda$$
$$Z = k\sum_{\lambda=400\text{nm}}^{700\text{nm}} \varphi(\lambda)\bar{z}(\lambda)\Delta\lambda \tag{3-2}$$

公式（3–2）中，X、Y、Z 为被测颜色的三刺激值；k 为颜色归化因子，是将所选标准照明体的 Y 值调到 100 得到的归一数值；$\varphi(\lambda)$ 为颜色刺激函数，即照明光源发出并经物体的反射后进入人眼产生颜色感觉的光谱能量；$\bar{x},\bar{y},\bar{z}$ 分别为 CIE 标准色度学系统规定的标准色度观察者的光谱三刺激值。

当选用 CIE 1964 标准色度学系统时，颜色三刺激值的计算公式为

$$\begin{cases} X = k_{10} \sum_{\lambda=400}^{700} \varphi(\lambda) \bar{x}_{10}(\lambda) \Delta\lambda \\ Y = k_{10} \sum_{\lambda=400}^{700} \varphi(\lambda) \bar{y}_{10}(\lambda) \Delta\lambda \\ Z = k_{10} \sum_{\lambda=400}^{700} \varphi(\lambda) \bar{z}_{10}(\lambda) \Delta\lambda \\ k_{10} = \dfrac{100}{\sum_{\lambda=400}^{700} S(\lambda) \bar{y}_{10}(\lambda) \Delta\lambda} \\ \varphi(\lambda) = \rho(\lambda) S(\lambda) \end{cases} \tag{3-3}$$

公式 (3-3) 中，$\bar{x}_{10}, \bar{y}_{10}, \bar{z}_{10}$ 为 CIE 1964 标准色度系统规定的标准色度观察者的光谱三刺激值，要求人眼观察被测物体的视角在 4° ～ 10° 之间。

$\varphi(\lambda)$ 为颜色刺激函数；$S(\lambda)$ 为标准照明体光源的相对光谱功率分布，如 D_{65}；k_{10} 为归化系数；$\rho(\lambda)$ 为样品反射率。其中，波长间隔 $\Delta\lambda$ 的选取，根据被测物体的光谱特性和计算精度要求不同而不同。$\Delta\lambda$ 的取值越小，计算精度越高。通常，取 $\Delta\lambda$=20nm 时就能获得准确的结果。公式 (3-4) 给出 $\Delta\lambda$=20nm 时的三刺激值 X，Y，Z。

$$\begin{bmatrix} X \\ Y \\ Z \end{bmatrix} = k_{10}\Delta\lambda \begin{bmatrix} \bar{x}_{10}(400) & \bar{x}_{10}(420) & \cdots & \bar{x}_{10}(700) \\ \bar{y}_{10}(400) & \bar{y}_{10}(420) & \cdots & \bar{y}_{10}(700) \\ \bar{z}_{10}(400) & \bar{z}_{10}(420) & \cdots & \bar{z}_{10}(700) \end{bmatrix} \begin{bmatrix} S(400) & & & \\ & S(420) & & \\ & & \ddots & \\ & & & S(700) \end{bmatrix} \begin{bmatrix} \rho(400) \\ \rho(420) \\ \vdots \\ \rho(700) \end{bmatrix} \tag{3-4}$$

公式 (3-4) 中，$\bar{x}_{10}(\lambda), \bar{y}_{10}(\lambda), \bar{z}_{10}(\lambda)$，$S(\lambda)$，$k_{10}$，$\Delta\lambda$ 均为常量，可根据 CIE 推荐的标准照明体数据和标准色度观察者的光谱三刺激值数据获得（见附表 1）。从公式 (3-4) 可以看出，颜色的三刺激值 X、Y、Z 与反射率 $\rho(\lambda)$（λ=400，420，…，700）是线性关系。由此可见，测量颜色的过程主要包括物体表面反射率的测定以及由此根据 CIE 标准色度观察者的光谱三刺激值计算出颜色的三刺激值 X、Y、Z。

3.1.4　颜色仿真原理

CIE 标准色度学系统的建立，使得所有颜色都可以用一组数字三刺激值 (XYZ) 来表示。颜色的表示和传递也正在由实样形式向数字化和信息化的方式过渡。颜色仿真就是利用计算机把具有一定 X、Y、Z 三刺激值的物体表面色，在 CRT（cathode ray tube）显示器上逼真地还原出来。

CIE 标准色度学系统是用一组 X、Y、Z 三原色来表示颜色的系统。而 CRT 显示器则是用一组 RGB 荧光粉三原色来表示颜色的系统，所以对于不同的三原色组，将对应着不同的三刺激值和色品坐标。设在 XYZ 系统中，匹配一个单位的 (R)、(G)、(B) 原色所用的 (X)、(Y)、(Z) 原色的数量分别为 X_r、Y_r、Z_r、X_g、Y_g、Z_g 及 X_b、Y_b、Z_b，则根据 Grassman 颜色混合定律可得：

$$\begin{cases} X = X_r R + X_g G + X_b B \\ Y = Y_r R + Y_g G + Y_b B \\ Z = Z_r R + Z_g G + Z_b B \end{cases} \tag{3-5}$$

即

$$\begin{bmatrix} X \\ Y \\ Z \end{bmatrix} = \begin{bmatrix} X_r X_g X_b \\ Y_r\ Y_g\ Y_b \\ Z_r Z_g Z_b \end{bmatrix} \tag{3-6}$$

令

$$\boldsymbol{H} = \begin{bmatrix} X_r X_g X_b \\ Y_r\ Y_g\ Y_b \\ Z_r Z_g Z_b \end{bmatrix}^{-1}$$

则可得由 XYZ 系统向 RGB 系统的转换方程为

$$\begin{bmatrix} R \\ G \\ B \end{bmatrix} = \boldsymbol{H} \cdot \begin{bmatrix} X \\ Y \\ Z \end{bmatrix} \tag{3-7}$$

公式（3–7）中，$\boldsymbol{H}$ 为转换系数矩阵，转换系数由 CRT 显示器的制式和使用的照明体确定。因此，通过式（3–7）即可将得到的三刺激值 XYZ 转换为 RGB 值，从而实现在 CRT 显示器上进行颜色仿真。

颜色仿真技术提供了一个便利的实验手段，在科研和生产中使得工作量减少和效率提高。目前颜色仿真技术应用于以下几个方面：

①色差评定，可在同一屏幕中将标样和试样的颜色同时显示出来，直观呈现样品间的色差和同色异谱的程度。

②在配色时利用颜色仿真技术将预报配方所形成的颜色和标样的颜色进行对比，不经实际染色便可预报配方与标样的符合程度。

③通过观察样品在三种光源下的颜色差异，了解不同光源对物体颜色的影响。

3.1.5 CIE 1976 均匀颜色空间

在国际照明委员会推荐了 CIE 1931 和 CIE 1964 色度学系统之后，颜色的计算和比较有了统一的标准，极大地推动了色度学理论研究的发展，但是，在进一步的实际应用中，人们发现现有的标准色度学系统在各色区的色差容限不相等，是不均匀的颜色空间，这给色差计算带来诸多不便，同时在工业应用中还需对不同亮度等级的颜色进行分析比较，为此人们开始致力于研究均匀颜色空间和相应的色差计算方法。于是，国际照明委员会在 CIE 1960 UCS 均匀色品图和 CIE 1964（W*U*V*）均匀颜色空间的基础上，推荐更为精确、应用为广泛的 CIE 1976 均匀颜色空间，这是目前纺织印染行业普遍采用的均匀颜色空间。

为了解决 CIE 色品图的不均匀问题（各色区中颜色知觉差异的容限大小不等），更客观、更准确地测量和评价颜色的差别，CIE 于 1976 年正式推荐了两个改进的均匀颜色空间，即 CIE 1976 L*u*v* 颜色空间和 CIE 1976 L*a*b* 颜色空间。

（1）CIE 1976 L*u*v* 颜色空间

CIE 1976 L*u*v* 颜色空间采用 $L^*u^*v^*$ 作为三维直角坐标，也称为 CIE LUV 颜色空间，主要用于如电视工业等混色的表示和评价。在该空间中，L^* 为明度，u^*、v^* 分别为颜色的色品坐标，其计算公式为

$$\begin{aligned} L^* &= 116\left(Y/Y_0\right)^{1/3} - 16 \\ u^* &= 13L^*\left(u' - u_0'\right) \\ v^* &= 13L^*\left(v - v_0\right) \\ Y/Y_0 &> 0.008856 \end{aligned} \tag{3-8}$$

公式 (3-8) 中，X、Y、Z 为颜色样品的三刺激值，$u' = u$、$v = 1.5v$ 为颜色样品的色品坐标，X_0、Y_0、Z_0 为在给定 CIE 标准照明体照射下完全漫反射体反射到人眼中的三刺激值，其中，Y_0=100，u_0'、v_0 为照明体的色品坐标。

相应的 CIE 1976 L*u*v* 颜色空间饱和度 S_{uv}、彩度 C_{uv} 和色调角 H_{uv} 分别为

$$S_{\mu\nu}=13\left[\left(u'-u_0'\right)^2+\left(v-v_0\right)^2\right]^{1/2}$$

$$C_{\mu\nu}^*=\left[\left(u^*\right)^2+\left(v^*\right)^2\right]^{1/2}=L^*\cdot S_{\mu\nu}$$

$$H_{\mu\nu}=\arctan\left[\left(v-v_0\right)/\left(u'-u_0'\right)\right]=\arctan\left(v^*/u^*\right)$$

（2）CIE 1976 L*a*b* 颜色空间

CIE 在 1976 年推荐用于加混色的 CIE 1976 L*u*v* 颜色空间的同时，还推荐了用于表面染料工业等减法混色的表示和评价的CIE 1976 L*a*b*颜色空间，也称为 CIE LAB 颜色空间。在 CIE 1976 L*a*b* 均匀颜色空间，颜色的明度感觉用 L^* 表示，当 $L^*=0$ 时表示黑色亮度，当 $L^*=100$ 时表示白色亮度。a^* 轴与 b^* 轴共同表示彩色的特性。a^* 轴正方向代表红色的变化，a^* 轴负方向代表绿色的变化；b^* 轴正方向代表黄色变化，b^* 轴负方向代表蓝色变化。这 4 个变化方向构成互补对抗颜色的模型。

CIE 1976 L*a*b* 均匀颜色空间的计算公式为

$$\begin{cases}L^*=116\left(Y/Y_0\right)^{1/3}-16\\ a^*=500\left[\left(X/X_0\right)^{1/3}-\left(Y/Y_0\right)^{1/3}\right]\\ b^*=200\left[\left(Y/Y_0\right)^{1/3}-\left(Z/Z_0\right)^{1/3}\right]\end{cases}\tag{3-9}$$

$$X/X_0>0.008\,856$$

$$Y/Y_0>0.008\,856$$

$$Z/Z_0>0.008\,856$$

公式 (3-9) 中，X、Y、Z 为颜色样品的三刺激值，X_0、Y_0、Z_0 为 CIE 标准照明体的三刺激值，为常数值。

相应的 CIE 1976 L*a*b* 颜色空间彩度 C_{ab} 和色调角 H_{ab} 分别为

$$C_{ab}^*=\left[\left(a^*\right)^2+\left(b^*\right)^2\right]^{1/2}$$

$$H_{ab}=\arctan\left(a^*/b^*\right)$$

3.1.6 常用色差公式

色差是两种颜色在色觉上的差别，是印染产品质量的重要指标。由于基于不均匀颜色空间给色差计算带来的诸多不便，人们开始致力于均匀颜色空间和相应色差公式的研究，以使色差的计算变得简单实用。如 CIE 1976 L*u*v*

均匀颜色空间和 CIE 1976 L*a*b* 均匀颜色空间等，都是在这种情况下提出来的。均匀颜色空间建立的途径不同，所得的结果不同，计算色差的公式就不同，计算出来的色差值与视觉的相关性也不同。颜色空间均匀性越好，计算的结果与视觉之间的相关性也越好。

下面介绍两个常用的色差公式，即 CIE 1976 L*a*b*（CIE LAB）色差公式和 CMC (l:c) 色差公式。

（1）CIE 1976 L*a*b*（CIE LAB）色差公式

在 CIE 1976 L*a*b* 均匀颜色空间中，L^*、a^* 和 b^* 就是颜色样品在该空间中的坐标值，其坐标点之间的距离为 2 个颜色样品之间的色差值，计算该空间中两个颜色样品之间色差的公式就是 CIE 1976 L*a*b* 色差公式，单位为 CIE LAB，多用于纺织品的色差计算，其结果和人眼的视觉相关性较好，计算公式相对简单，其表达式为

$$\begin{cases} \Delta E_{ab}^* = [(\Delta L^*)^2 + (\Delta a^*)^2 + (\Delta b^*)^2]^{1/2} \\ L^* = 116(Y/Y_0)^{1/3} - 16 \\ a^* = 500[(X/X_0)^{1/3} - (Y/Y_0)^{1/3}] \\ b^* = 200[(Y/Y_0)^{1/3} - (Z/Z_0)^{1/3}] \\ H = \arctan(b^*/a^*) \\ \Delta L^* = L^{*试} - L^{*标} \\ \Delta a^* = a^{*试} - a^{*标} \\ \Delta b^* = b^{*试} - b^{*标} \end{cases} \tag{3-10}$$

公式 (3-10) 中，ΔE^*ab 为总色差；ΔL^* 为明度差；Δa^*，Δb^* 为彩度差；H 为色调角；X，Y，Z 为颜色样品的三刺激值；X_0、Y_0、Z_0 为 CIE 标准照明体的三刺激值，即 (X_0=95.017；Y_0=100；Z_0=108.813)。其中，X/X_0、Y/Y_0、Z/Z_0均要求大于 0.008856。对于不符合这一要求的极深颜色，使用公式 (3-10) 将引起颜色空间的畸变导致误差。为解决这一问题，Pauli 提出了一个解决办法，并被 CIE 所采纳。

$$\begin{aligned} & f(X/X_0) = 7.787(X/X_0) + 16/116 \\ & f(Y/Y_0) = 7.787(Y/Y_0) + 16/116 \\ & f(Z/Z_0) = 7.787(Z/Z_0) + 16/116 \\ & L^* = 903.3(Y/Y_0) \\ & a^* = 500[f(X/X_0) - f(Y/Y_0)] \\ & b^* = 200[f(Y/Y_0) - f(Z/Z_0)] \end{aligned} \tag{3-11}$$

其他的计算相同，在实际应用中，遇到上述极深颜色的情况较少，因此，修正公式 (3-11) 只在特殊的场合下使用。

（2）CMC(*l*:*c*) 色差公式

该公式是 1984 年英国染色家协会（the Society of Dyers and Colourist，SDC）的颜色测量委员会（the Society’s Color Measurement Committee，CMC）推荐的有关纺织品色差计算公式，是由 Clarke、McDonald 和 Rigg 在对 JPC79 公式进行修改的基础上提出的[①]，克服了 JPC_{79} 色差公式在深色及中性色区域的计算值与目测评价结果偏差较大的缺陷，并引入了明度权重因子 *l* 和彩度权重因子 *c*，以适应不同应用的需求。1995 年被列入国际标准 ISO 105—J03—1995《纺织品：色度度试验　第 JO3 部分：色差计算》。

其计算公式如下：

$$\Delta E=\left\{\left[\Delta L^{*}/\left(I\ S_{\mathrm{L}}\right)\right]^{2}+\left[\Delta C^{*}/\left(C\ S_{\mathrm{C}}\right)\right]^{2}+\left(\Delta H^{*}/S_{\mathrm{H}}\right)^{2}\right\}^{\frac{1}{2}} \tag{3-12}$$

公式 (3-12) 中，$S_{\mathrm{L}}=0.040\ 975L_{\mathrm{std}}^{*}/\left(1+0.017\ 65L_{\mathrm{std}}^{*}\right)$，其中，当 $L_{\mathrm{std}}^{*}<16$ 时，

$$S_{\mathrm{L}}=0.511$$

$$S_{\mathrm{C}}=\frac{0.063\ 8C_{\mathrm{std}}^{*}}{1+0.013\ 1C_{\mathrm{std}}^{*}}+0.638$$

$$S_{\mathrm{H}}=S_{\mathrm{C}}\left(tf+1-f\right)$$

$$f=\left[\frac{\left(C_{\mathrm{std}}^{*}\right)^{4}}{\left(C_{\mathrm{std}}^{*}\right)^{4}+1900}\right]^{\frac{1}{2}}$$

当 $164°\leqslant H_{\mathrm{std}}\leqslant 345°$ 时，$t=0.56+\left|0.2\cos\left(H_{\mathrm{std}}^{*}+168°\right)\right|$；

当 $345°\leqslant H_{\mathrm{std}}\leqslant 164°$ 时，$t=0.36+\left|0.4\cos\left(H_{\mathrm{std}}^{*}+35°\right)\right|$。

在该色差公式中的 ΔL^{*}、ΔC^{*}、ΔH^{*} 是由 CIE LAB 色差公式计算得到的标准色样与待检样品之间的亮度差、饱和度差、色相差。色差公式中的 *l*、*c* 为调节亮度和饱和度相对宽容量的两个系数。对色差可观察性样品进行评价时，取 *l*=*c*=1，而对色差可接受性样品进行评价时，则取 *l*=2，*c*=1。前者公式表示为 CMC(1:1)；后者公式表示为 CMC(2:1)。

①CLARKE F J J, MCDONALD R , RIGG B. Modification to the JPC79 Colour-difference Formula[J]. Coloration Technology, 2008, 100(4):128-132.

纺织品色差的测量方法主要有两种：目视评定和仪器测定。目测是评价色差最原始的方法，其原则是色差按标准灰卡达到 4 级及以上认为产品合格。虽然目测法简单方便，但容易受测试人员的主观因素影响，导致结果不稳定。仪器测量是用仪器直接测出织物颜色，采用合适的色差公式计算试样与标样间的色差值(ΔE)。虽然准确客观，但有时很难反映人对颜色的实际感觉。因此，两者都是颜色色差测量不可缺少的，但仪器测定是主要趋势。色差公式 CIE LAB 和 CMC 是最常用于判定色差的公式，色差公式不同，其色差值转换成标准灰卡级别也是不同的。比如 ΔE 值要求 1.7 以下，CIE LAB 色差公式转换成级别就是 4 级以上；ΔE 值 <1.0，CMC(2∶1) 色差公式转换成级别就是要求 4 级及以上。

3.2　库贝尔卡 - 蒙克理论

为了正确预测织物色泽，必须从染料与颜色的本质和机理上来研究两者的基本关系。将 CIE 系统引入到染料混合工业，各种染料以一定的色度参数来表征其混合特性，利用某种由染料的光学特性和相互作用的研究而导出的染料混合光学模型，如 Kubelka–Munk 理论。Kubelka–Munk 理论 Kubelka-Munk 理论是由 P.Kubelka 和 F.Munk 于 1931 年提出的[①]，是分析染料混合物颜色最普遍的光学模型，其解释了纺织品中染料分子对光的散射和吸收作用，为分析纺织品色泽与染料的光学关系奠定了基础。

Kubelka–Munk 理论是目前应用最广泛、最普遍、也是最成功的光学模型，它具有以下两种特殊功能：①将单个染料的浓度与染料的可测特性相联系；②描述染料在混合物中的光学行为。Kubelka–Munk 理论用 K 和 S 两个参数，即染料的 KubelKa–MunK 吸收系数和散射系数，将测得样品的反射率与染料浓度相联系，并假设在染料混合物中 K 和 S 的加和性来表征各染料在混合物中的光学行为。

①KUBELKA P. New contributions to the optics of intensely light-scattering materials part Ⅱ : nonhomogeneous[J]. Journal of the Optical Society of America, 1954,44(4):330-335 ; KUBELKA P. New contributions to the optics of intensely light-scattering materials[J].Journal of the Optical Society of America, 1948, 38(5): 448-457.

3.2.1 库贝尔卡 – 蒙克方程的基本形式

Kubelka–Munk 理论是以半透明介质为例推导普遍适用于半透明介质或不透明介质的混沌介质理论。该理论研究颜色物质对光的吸收和散射能力及其对光的反射率之间的关系。Kubelka–Munk 推导模型如图 3–1 所示。基本公式为

$$\rho=\frac{1-\rho_g\left[a-b\coth(bSX)\right]}{a-\rho_g+b\coth\left(bSX\right)} \tag{3-13}$$

公 式 (3–13) 中，a=1+(K+S)，b=(a^3–1)$^{1/2}$；coth(bSX)=[exp(bSX)+ exp(–bSX)]/[exp(bSX)– exp(–bSX)]。

公式 (3–13) 说明膜层的反射率 ρ 是吸收系数 K、散射系数 S、层厚 X 和基底反射率 ρ_g 等 4 个参数的函数。

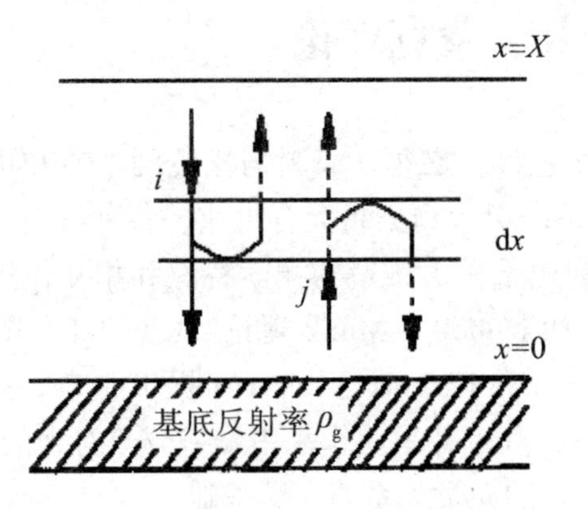

图 3–1　Kubelka–Munk 推导通模型

3.2.2 针对纺织品的库贝尔卡 – 蒙克方程

在公式 (3–13) 中，当逐渐增大散射系数 S 或膜层厚度 X 时，exp(–bSX) 可忽略不计，故 coth(bSX) → 1。于是公式 (3–13) 可简化为

$$\rho_\infty=1+\left(\frac{K}{S}\right)-\left[\left(\frac{K}{S}\right)^2+2\left(\frac{K}{S}\right)\right]^{\frac{1}{2}} \tag{3-14}$$

公式（3–14）中，ρ_∞ 指无穷大厚度时的反射率，即厚度无限增大都不会影响样品的反射率。公式 (3–14) 可以写为以 ρ_∞ 表示 K/S 的形式：

$$\left(\frac{K}{S}\right)=\frac{\left(1-\rho_{\infty}\right)^{2}}{2\rho_{\infty}} \tag{3-15}$$

公式 (3–14)、公式 (3–15) 是纺织品工业中普遍使用的方程。在这两个方程式中没有出现膜层厚度 X 和基底反射率 ρ_g，同时 K 和 S 只以比值 K/S 出现，方便计算。

3.2.3　库贝尔卡 – 蒙克单常数理论

由于颜色的反射率真实反映了颜色的本质，因此 Kubelka–Munk 吸收系数 K 和散射系数 S 是染料特有的参数，可用于区别不同颜色的染料。一种染料的每个波长都对应一个特征参数（K/S），且该参数适用加和性原理，即 Kubelka–Munk 理论的 K/S 值相加性原理。

设 K 和 S 为膜层总的吸收系数和散射系数，各染料的单位吸收系数和散射系数分别为 K_1，K_2，…，K_n 和 S_1，S_2，…，S_n，基质的吸收系数和散射系数为 K_t 和 S_t，则染料混合物的 K/S 值为

$$\frac{K}{S}=\frac{K_t+c_1K_1+c_2K_2+\cdots+c_nK_n}{S_t+c_1S_1+c_2S_2+\cdots+c_nS_n} \tag{3-16}$$

公式（3–16）中，c_1，c_2，…，c_n 为组成膜层的 n 种染料的浓度。

根据对染料混合光学模型的研究可知，纺织品表面的光散射受到纺织纤维的作用，加入纺织品中的染料溶于纤维中 + 而不影响基质的散射能力，即其散射作用可以近似为 0，这使其中各染料的散射系数相等，且与基质的散射系数一致。因此，公式 (3–16) 可以改写成

$$\frac{K}{S}=\frac{K_t+K_1c_1+K_2c_2+\cdots+K_nc_n}{S_t} \tag{3-17}$$

令

$$\left(\frac{K}{S}\right)_t=\frac{K_t}{S_t},\quad \left(\frac{K}{S}\right)_1=\frac{K_1}{S_1},\quad \left(\frac{K}{S}\right)_2=\frac{K_2}{S_2},\quad \cdots,\quad \left(\frac{K}{S}\right)_n=\frac{K_n}{S_n}$$

则

$$\frac{K}{S}=\left(\frac{K}{S}\right)_t+c_1\left(\frac{K}{S}\right)_1+c_2\left(\frac{K}{S}\right)_2+\cdots+c_n\left(\frac{K}{S}\right)_n \tag{3-18}$$

对于每个波长只需对应一个参数 (K/S) 值来表征一种染料，因此公式 (3–18) 称为 Kubelka–Munk 单常数理论。

3.3　染色过程的物料衡算式

各种纤维都有各自的染色特点，各类染料又有不同的染色方法，但它们的染色都有一个上染过程。所谓上染就是染料从染液中向纤维转移，并渗透到纤维内部的过程。上染时，在一定温度条件下，染料逐渐向纤维转移，随着时间的推移，纤维上的染料浓度逐渐增高而染液里的浓度则相应地下降。纤维上染料数量占投入的染料总量的百分率称为染料的上染率。

在染色过程中染料分子在染液中发生离解或聚集以及与助剂相互作用，这些变化将影响染料的上染过程。染料在染液中的状态与许多因素有关，其中最主要的是染料的化学结构、浓度、染液温度以及染液中其他组分的性质和浓度。因此，根据质量守恒定律，混合染液各组分物料衡算式，即染料初始浓度、上染到纤维的染料浓度和染色残液中染料浓度应满足以下关系，即：

$$c_0 = c_{\mathrm{f}} + c_{\mathrm{t}} + h\left(c_0\right) \tag{3-19}$$

公式 (3-19) 中，c_{f} 为上染到纤维的染料浓度；c_0 为染料的初始浓度；c_{t} 为残液中染料浓度；$h(c_0)$ 用于补偿染料分子本身发生水解、聚集等造成的损失。

染料的水解，特别是活性染料，从生产时就开始发生水解反应，其程度取决于其染料分子中的活性基团和发色团。在实际的反应过程中，活性染料的水解不仅与染料本身结构有关，还与所处外部环境如染浴 pH 值、温度、染料浓度和电解质浓度有关。例如，在碱性条件下，染料的水解反应相对激烈。同样，升高温度将导致活性染料水解增多。

3.4　染色过程织物色泽软测量机理模型

3.4.1　织物 *K/S* 值与染液各组分染料浓度的数学模型

首先，根据染色过程的染液各组分物料衡算式，得到上染到纤维的染料浓度与染料初始浓度以及染色残液中染料浓度之间的关系：

$$\boldsymbol{C}_{\mathrm{f}} = \boldsymbol{C}_0 - \boldsymbol{C}_{\mathrm{t}} - h\left(\boldsymbol{C}_0\right) \tag{3-20}$$

公式 (3-20) 中，$\boldsymbol{C}_{\mathrm{f}}$ 为上染到纤维的染料浓度矩阵；$\boldsymbol{C}_0$ 为染料的初始浓度矩阵；

$\boldsymbol{C}_{\mathrm{t}}$ 为残液中染料浓度；$h(\boldsymbol{C}_0)$ 为染料分子本身发生水解、聚集等所损失的染料浓度函数。

其次，根据 KubelKa-MunK 单常数理论，有

$$\left(\frac{K}{S}\right)_{\mathrm{s}}=\left(\frac{K}{S}\right)_{\mathrm{t}}+c_1\left(\frac{K}{S}\right)_1+c_1\left(\frac{K}{S}\right)_2+\cdots+c_n\left(\frac{K}{S}\right)_n \tag{3-21}$$

公式 (3-21) 中，K 和 S 分别为膜层总的吸收和散射系数；$(K/S)_{\mathrm{s}}$ 为标准色的 K/S 值；$(K/S)_{\mathrm{t}}$ 为基底的 K/S 值；$(K/S)_1$，$(K/S)_2$，⋯，$(K/S)_n$ 为 n 种染料对应的单位浓度 K/S 值；$c_1,c_2,\cdots,c_n$ 为组成膜层的 n 种染料的浓度。其通式可表示如下：

$$\left(\frac{K}{S}\right)_{\mathrm{s}}=\left(\frac{K}{S}\right)_{\mathrm{t}}+\sum_{i=1}^{n}c_i\left(\frac{K}{S}\right)_i \tag{3-22}$$

写成矩阵形式为

$$\left(\frac{K}{S}\right)_{\mathrm{s}}=\left(\frac{K}{S}\right)_{\mathrm{t}}+\boldsymbol{\psi}\boldsymbol{C}_{\mathrm{f}} \tag{3-23}$$

公式 (3-23) 中，

$$\boldsymbol{\psi}=\left[(K/S)_1\ (K/S)_2\cdots(K/S)_n\right]$$

$$\boldsymbol{C}_{\mathrm{f}}=\left[c_1c_2\cdots c_n\right]^{\mathrm{T}}$$

联立公式 (3-20) 和公式 (3-23)，得到织物 K/S 值与染液各组分染料浓度的数学模型为

$$\left(\frac{K}{S}\right)_{\mathrm{s}}=\left(\frac{K}{S}\right)_{\mathrm{t}}+\boldsymbol{\psi}\left[\boldsymbol{C}_0-\boldsymbol{C}_{\mathrm{t}}-h(\boldsymbol{C}_0)\right] \tag{3-24}$$

3.4.2　织物色泽三刺激值 *XYZ* 与染液各组分染料浓度的数学模型

首先，根据 Kubelka-Munk 方程，得到织物样品在某波长 λ 处的 (K/S) 值，即

$$\left(\frac{K}{S}\right)_{\mathrm{s}}(\lambda)=\frac{\left[1-\rho(\lambda)\right]^2}{2\rho(\lambda)} \tag{3-25}$$

公式 (3-25) 中，K 和 S 为膜层总的吸收和散射系数；$(K/S)_{\mathrm{s}}(\lambda)$ 为织物样品在某波长 λ 处的 (K/S) 值；$\rho(\lambda)$ 为样品某波长 λ 处的光谱反射率。

根据公式 (3-25) 可推导出样品在波长 λ 处的光谱反射率为

$$\rho(\lambda)=\left[\left(\frac{K}{S}\right)_{s}(\lambda)+1\right]-\sqrt{\left[\left(\frac{K}{S}\right)_{s}(\lambda)+1\right]^{2}-1} \tag{3-26}$$

根据色度学理论可知，CIE 1964 标准色度学系统的三刺激值 XYZ 的计算公式为（其中，波长间隔 $\Delta\lambda$=20nm）

$$\begin{bmatrix} X \\ Y \\ Z \end{bmatrix}=k_{10}\Delta\lambda\begin{bmatrix} \bar{x}_{10}(400)\ \bar{x}_{10}(420)\cdots\bar{x}_{10}(700) \\ \bar{y}_{10}(400)\ \bar{y}_{10}(420)\cdots\bar{y}_{10}(700) \\ \bar{z}_{10}(400)\ \bar{z}_{10}(420)\ldots\bar{z}_{10}(700) \end{bmatrix}\begin{bmatrix} S(400) & & & \\ & S(420) & & \\ & & \ddots & \\ & & & S(700) \end{bmatrix}\begin{bmatrix} \rho(400) \\ \rho(420) \\ \vdots \\ \rho(700) \end{bmatrix} \tag{3-27}$$

联立公式 (3–26) 和公式 (3–27)，可得到织物色泽三刺激值 XYZ 与 K/S 值的关系为

$$\begin{bmatrix} X \\ Y \\ Z \end{bmatrix}=k_{10}\cdot\Delta\lambda\cdot\boldsymbol{T}\cdot\boldsymbol{E}\cdot\begin{bmatrix} \left[\left(\frac{K}{S}\right)_{s}(400)+1\right]-\sqrt{\left[\left(\frac{K}{S}\right)_{s}(400)+1\right]^{2}-1} \\ \left[\left(\frac{K}{S}\right)_{s}(420)+1\right]-\sqrt{\left[\left(\frac{K}{S}\right)_{s}(420)+1\right]^{2}-1} \\ \cdots \\ \left[\left(\frac{K}{S}\right)_{s}(700)+1\right]-\sqrt{\left[\left(\frac{K}{S}\right)_{s}(700)+1\right]^{2}-1} \end{bmatrix} \tag{3-28}$$

其中，

$$\boldsymbol{T}=\begin{bmatrix} \bar{x}_{10}(400)\ \bar{x}_{10}(420)\cdots\bar{x}_{10}(700) \\ \bar{y}_{10}(400)\ \bar{y}_{10}(420)\cdots\bar{y}_{10}(700) \\ \bar{z}_{10}(400)\ \bar{z}_{10}(420)\ldots\bar{z}_{10}(700) \end{bmatrix}$$

$$\boldsymbol{E}=\begin{bmatrix} S(400) & & & \\ & S(420) & & \\ & & \ddots & \\ & & & S(700) \end{bmatrix}$$

公式 (3–28) 中，K_{10} 为归化系数；$\Delta\lambda$ 为波长间距；$\boldsymbol{T}$ 为 CIE 1964 标准色度学系统规定的标准色度观察者的光谱三刺激值矩阵，要求人眼观察被测物体的视角在 4° ～ 10° 之间；$\boldsymbol{E}$ 为采用 CIE 规定的标准照明体。

联立式 (3–24) 和 (3–28)，可得到织物色泽三刺激值 XYZ 与混合染液中各组分染料浓度的关系，即

$$\begin{bmatrix} X \\ Y \\ Z \end{bmatrix} = \boldsymbol{G} \cdot \begin{Bmatrix} \left[\left(\frac{K}{S}\right)_t(400)+\boldsymbol{\psi}(400)\left(C_0-C_t-h(C_0)\right)+1\right]-\sqrt{\left[\left(\frac{K}{S}\right)_t(400)+\boldsymbol{\psi}(400)\left(C_0-C_t-h(C_0)\right)+1\right]^2-1} \\ \left[\left(\frac{K}{S}\right)_t(420)+\boldsymbol{\psi}(420)\left(C_0-C_t-h(C_0)\right)+1\right]-\sqrt{\left[\left(\frac{K}{S}\right)_t(420)+\boldsymbol{\psi}(420)\left(C_0-C_t-h(C_0)\right)+1\right]^2-1} \\ \vdots \\ \left[\left(\frac{K}{S}\right)_t(700)+\boldsymbol{\psi}(700)\left(C_0-C_t-h(C_0)\right)+1\right]-\sqrt{\left[\left(\frac{K}{S}\right)_t(700)+\boldsymbol{\psi}(700)\left(C_0-C_t-h(C_0)\right)+1\right]^2-1} \end{Bmatrix} \tag{3-29}$$

公式 (3–29) 中，$\boldsymbol{G}= k_{10} \cdot \Delta\lambda \cdot \boldsymbol{T} \cdot \boldsymbol{E}$，可由 CIE 1964 色度学系统推荐的标准照明体数据和标准色度观察者的光谱三刺激值数据给出，是常量。其中，

$$\boldsymbol{\psi}(\lambda)=\left[\left(\frac{K}{S}\right)_1(\lambda)\ \left(\frac{K}{S}\right)_2(\lambda)\cdots\left(\frac{K}{S}\right)_n(\lambda)\right]\ (\lambda=400，420，\cdots，700\text{nm})$$

这里 $(K/S)_1$、$(K/S)_2$、…、$(K/S)_n$ 分别为 n 种染料对应的单位浓度 K/S 值。

从式 (3–29) 可以看出，若能通过实验方法或者数学方法确定 $(K/S)_t(\lambda)$ 值、$\boldsymbol{\psi}(\lambda)$ 值 $[(K/S)_1(\lambda)$、$(K/S)_2(\lambda)$，…，$(K/S)_n(\lambda))$ 以及 $h(\boldsymbol{C}_0)$ 函数，则在所选用染料初始浓度值 $\boldsymbol{C}_0$ 已知的条件下，通过测定间歇染机中混合染液各组分染料浓度 $\boldsymbol{C}_T$，就可以估计织物的色泽三刺激值 XYZ。

因此，如何估计模型参数以及正确检测间歇式染机中混合染液各组分染料浓度，是实现间歇式染色过程织物色泽在线软测量的关键。

3.5　间歇式染色过程织物色泽软测量原理

间歇式染色过程织物色泽软测量的核心是建立精确可靠的织物色泽软测量模型。在应用过程中，软测量的结构和参数可能随现场工况变化而发生改变，因此，需要对它进行在线或离线修正，以便得到更适合当前状况的软测量模型，以提高模型的适用范围。其次，选择正确的检测方法以确保获得可靠的间歇染机中染液各组分染料浓度是整个软测量系统的关键，也是提高测量精度和稳定性的关键。

因此，本研究提出了如图 3–2 所示的间歇式染色过程织物色泽软测量结构。

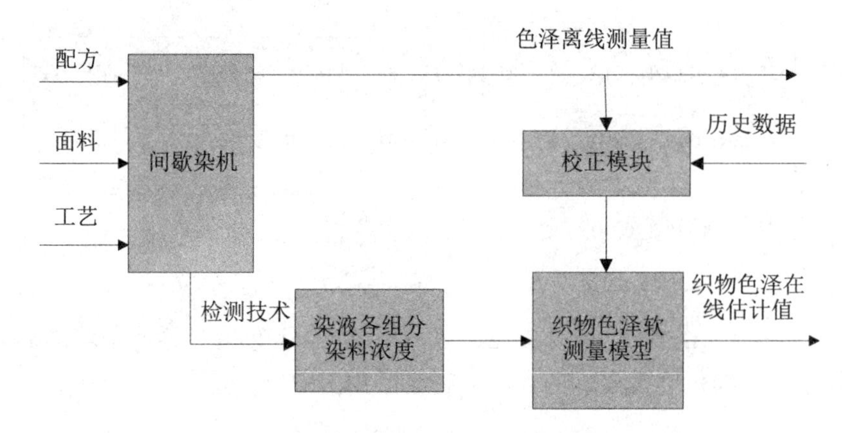

图 3-2　间歇式染色过程织物色泽软测量原理框图

首先，根据选定的面料、染料配方和染色工艺参数操纵间歇染机进行染色作业，应用检测技术测定间歇染机中染液各组分染料浓度。

其次，以间歇染机中染液各组分染料浓度作为织物色泽软测量模型的输入，以织物色泽三刺激值作为输出，根据织物色泽软测量模型实时估计染机中织物色泽三刺激值，并应用颜色仿真技术使之在 CRT 显示器上进行仿真。

最后，在染色作业过程中，对染机中织物色泽进行离线采样，并收集大量历史样本数据，设计校正算法对织物色泽软测量模型进行适当的短期和长期的模型校正，以消除染色作业工况变化造成的误差。

针对如何检测间歇染机中染液各组分染料浓度的问题，可以采用两种方法：①从染色机理出发，研究染色过程影响染料上染率的主要因素，推导上染率与各因素的数学关系，建立染色动力学模型，以获得实时的染料上染情况，从而得到染液中各组分染料浓度。②设计最优估计算法，建立多组分光度体系吸光度模型，根据光谱技术通过测定间歇染机中混合染液的吸光度来估计染液中各组分染料浓度，从而实现间歇式染色过程织物色泽软测量。

3.6　本章小结

本章针对间歇式染色过程织物色泽难以在线检测的问题，从色度学理论、光学理论和染色化学理论三个方面对间歇式染色过程织物色泽测量机理进行了深入的分析，研究织物色泽三刺激值与 *K*/*S* 值的关系，织物 *K*/*S* 值与染料浓度的关系以及织物色泽三刺激值与染液染料浓度的数学关系，并联立染色过程物料衡算式，推导以间歇染机中染液各组分染料浓度为输入、织物色泽为输出的软测量模型结构，并指出有效检测间歇染机中混合染液各组分染料浓度是实现间歇式染色过程织物色泽在线软测量的关键。

基于染色动力学模型的在线测量技术

本章简要介绍染色动力学理论，重点研究染色过程染料上染率的影响因素，基于菲克（Fick）定律，建立染色过程染料上染率动力学模型。根据染料上染率动力学模型来描述染色过程染料的上染状态，从而预测间歇染机中染液各组分染料浓度。提出了以染料上染率作为输入，以织物色泽作为输出的织物色泽软测量模型，应用机理分析与模型参数估计的混合建模方法来建立该软测量模型，从而完成间歇式染色过程织物色泽的在线测量。以 3 种活性染料上染纯棉织物为实例，验证该方法的可行性。

4.1　引言

目前，间歇式染色生产方式由于无法采用仪器在线测量染机中织物颜色，只能采用人工离线测色法。由于受主观因素的影响，缺乏一致性和可靠性，人工离线测色法存在生产效率低、产品质量不稳定和产品一次合格率低等问题，难以满足生产高质量产品的要求。因此，在线准确测量间歇染机中织物颜色是决定印染产品质量和生产效率的关键技术。

针对这一技术难题，本研究提出基于染色动力学模型的间歇式染色过程织物色泽在线测量的方法。染色过程是染料不断消耗的过程，因此，在染机中织物纤维着色的过程也是染料不断消耗的过程，织物纤维着色与染料消耗存在必然联系。从染色机理出发，研究染料的染色动力学机理模型，掌握染料的上染情况。同时，基于光学理论和色度学理论，寻求染液中各组分染料的上染率与间歇染机中织物反射率的数学关系，推导两者的模型结构。然后，针对具体的染色过程，由过程观测数据来完成模型参数估计。最后，由颜色三刺激值计算公式将获得的反射率转换为三刺激值，实现通过测定间歇染机中染液各组分染料的上染率来预测织物色泽三刺激值，为间歇式染色过程中织物颜色在线测量研究提供理论基础和研究经验。以活性染料 RR- 红、活性染料 RR- 黄和活性染料 RR- 蓝上染 18.45tex 纯棉织物为实例，对该方法的可行性和有效性进行验证。实例证明，颜色预测值与实测值的色差在 1.5（CIE LAB）以内，满足工艺要求，该算法是可行有效的。

4.2　方案设计

本研究提出了基于染色动力学模型的间歇式染色过程织物色泽在线测量方案，其基本框架如图 4-1 所示。

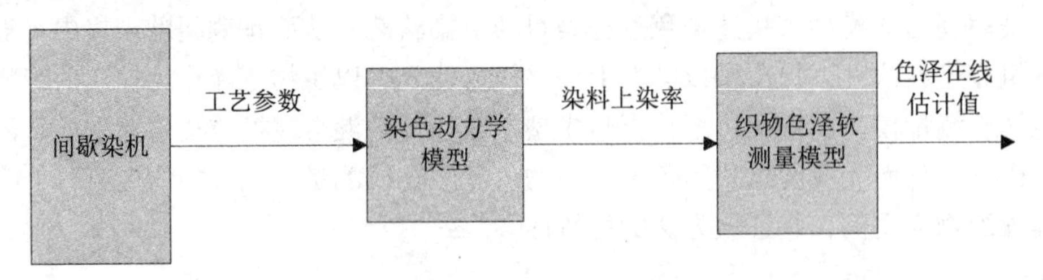

图 4-1　基于染色动力学模型的间歇式染色过程织物色泽在线测量基本框架图

测量原理：

首先，通过染色机理分析，染料的浓度及染色助剂量、染色工艺（包括染机温度、升温速度、保温时间等），这些因素都会对染料的上染率产生影响，进而影响产品质量，即织物色泽。因此，要在一定的染色工艺参数条件下，针对不同的助剂量及染料初始浓度的染色过程，建立染色过程染料上染率动力学模型。当选定织物类型和染料配方（染料浓度、助剂量）后，在间歇染机按照一组工艺参数进行作业时，通过染色过程染料上染率动力学模型，就可实时获得间歇染机中染液各组分染料的上染率的动态特性。

其次，以染料上染率为输入，织物色泽为输出，构造织物色泽软测量模型。通过色度学理论和光学理论，导出织物色泽软测量模型结构，应用参数估计理论获得模型参数，则只要得到实时染料上染率，即可估计间歇染机中织物色泽三刺激值，从而实现间歇式染色过程中产品质量在线测量的目标。

可见，在本方案中，建立正确有效的染色动力学机理模型和织物色泽软测量模型是核心问题。

4.3　染色动力学理论

4.3.1　菲克定律

（1）菲克第一定律

描述分子扩散的速率的定律为菲克第一定律。物质从浓度高向浓度低的方向扩散。扩散过程如图 4–2 所示，染料在厚度为 b 的薄膜中，由 A 面向 B 面呈定态扩散。

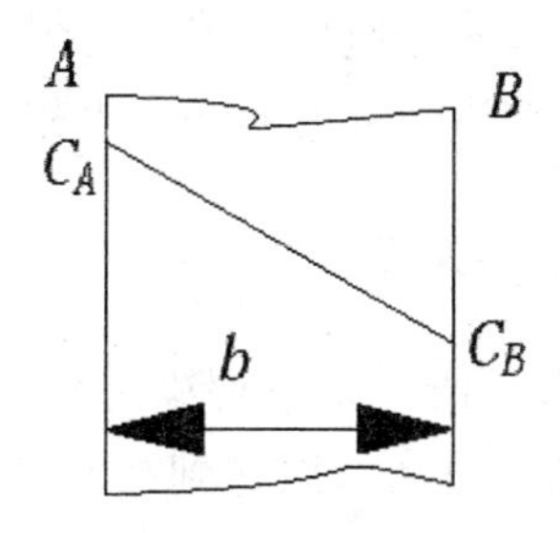

图 4–2　染料在薄膜中的扩散过程

扩散通量 F 与浓度梯度（$\partial c/\partial x$）、扩散系数 D 的关系为

$$F=-D\frac{\partial c}{\partial x} \tag{4-1}$$

公式（4–1）中，F 为通过单位面积的扩散通量，c 为扩散物质的浓度，x 为垂直于断面的空间坐标，D 为扩散系数，负号表示物质从浓度高向浓度低的方向扩散。公式（4–1）称为菲克第一定律。但是，由于浓度梯度 $\partial c/\partial x$ 很难测定，所以很难建立染料上染率随时间和温度变化的数学模型。因此，多数场合都用菲克第二定律来表述扩散现象。

（2）菲克第二定律

在实际上染过程中，纤维上各点的染料浓度是在不断变化的。上染的染料随着时间的推移而逐渐增加，浓度梯度则逐渐降低，最后达到平衡时，纤维内外层浓度相等，浓度梯度为 0。菲克第二定律就是用于研究这种介质中的各点浓度随时间而不断变化的非稳态扩散过程。

菲克第二定律可表示为

$$\frac{\partial c}{\partial t}=\frac{\partial}{\partial x}\left(D\frac{\partial c}{\partial x}\right) \tag{4-2}$$

若 D 为常数，则

$$\frac{\partial c}{\partial t}=D\frac{\partial^2 c}{\partial x^2} \tag{4-3}$$

公式（4–3）是描述菲克第二定律的通常形式。

在应用菲克第二定律时，关键是边界条件和初始条件的确定。边界条件随上染条件的不同而变化，主要有两种情况：无限染浴和有限染浴。无限染浴是指浴比很大，足以维持染液浓度基本不变的染浴。在这种情况下，纤维表面的染料浓度恒定。有限染浴，充分搅拌，浴比有限，在上染过程中染液浓度逐渐降低，纤维表面染料浓度随染液浓度的变化也相应下降。

4.3.2 经典染色动力学模型

通过染色热力学和动力学研究来掌握染色机理，测定染料性质，优化染料及助剂配方，提高染料的上染率，以达到在印染中提高生产率和染色质量，降低能源消耗和生产成本的目的。近年来，国内外的学者们都大力加强了建立染色过程中各类染料在各种纤维上染色的数学模型的研究，力求得到可靠的上染动力学模型，以正确地描述染料对纤维的上染过程。国内外染料应用学者一般把纤维看作是圆柱形高分子固体，使用菲克第二定律的扩散方程式来讨论染料向纤维内部的扩散速度。

（1）Mc Bain 方程

假定在无限染浴中染色，忽略薄膜的边缘扩散、定积分。数学模型如下：

$$\frac{M_t}{M_\infty}=1-\frac{8}{\pi^2}\left(e^{-\pi^2 Dt/a^2}+\frac{1}{9}e^{-9\pi^2 Dt/a^2}+\frac{1}{25}e^{-25\pi^2 Dt/a^2}+\cdots\right) \tag{4-4}$$

公式（4-4）中，M_t 为 t 时刻染料上染率；M_∞ 为平衡上染率；a 为纤维薄膜厚度；D 为扩散系数。

（2）Hill 方程

假定纤维在无限染浴，并将其看作无限圆柱，忽略两端扩散。数学模型如下：

$$\frac{M_t}{M_\infty}=1-0.692\left(e^{-25.5Dt/r^2}+0.190e^{-30.5Dt/r^2}+\cdots\right) \tag{4-5}$$

公式（4–5）中，M_t 为 t 时刻染料上染率；M_∞ 为平衡上染率；r 为纤维薄膜厚度；D 为扩散系数。

（3）Grank 方程

假定有限染浴，浓度自始至终变化。数学模型如下：

$$\frac{M_t}{M_\infty}=1-\frac{4\alpha_1(1+\alpha_1)}{4+4\alpha_1+\alpha_1^2q_2^2}\mathrm{e}^{-q_1Dt/r^2}-\frac{4\alpha_1(1+\alpha_1)}{4+4\alpha_1+\alpha_1^2q_2^2}\mathrm{e}^{-q_2Dt/r^2} \tag{4–6}$$

公式（4–6）中，M_t 为 t 时刻染料上染率；M_∞ 为平衡上染率；r 为纤维薄膜厚度；D 为扩散系数；α_1 为平衡上染率 M_∞ 的函数，α_1=（100– M_∞）/ M_∞；q_1，q_2 同为 M_∞ 的函数。

（4）Vicerstaff 方程

假定染料浓度大，染色初始阶段为条件。数学模型如下：

$$\frac{M_t}{M_\infty}=2\sqrt{\frac{Dt}{\pi}} \tag{4–7}$$

公式（4–7）中，M_t 为 t 时刻染料上染率；M_∞ 为平衡上染率；D 为扩散系数；t 为染色时间。

（5）FrensDorff 方程

假定染料浓度小，染色后期阶段为条件。数学模型如下：

$$\frac{\mathrm{d}\ln(M_\infty-M_t)}{\mathrm{d}t}=-\frac{D\pi^2}{t} \tag{4–8}$$

公式（4–8）中，M_t 为 t 时刻染料上染率；M_∞ 为平衡上染率；D 为扩散系数；t 为染色时间。

在假定的边界条件和初始条件下，寻找实验数据和以这些假设为基础所得到的数学模型之间的相关性，对菲克第二定律进行具体求解，得到浓度 c 与 t 和 x 具体的函数关系。因此，假定的边界条件和初始条件不同，得到的函数关系就不同。在所查到的国内外文献中，如何对染料上染纤维的过程配以较准确的数学模型，并能直观地反映染色曲线，一直是从事这方面研究的学者所努力探索的方向。

4.4　间歇式染色过程染料上染率动力学模型

为了对染色过程进行有效的产品质量监控，建立染色过程动态模型是必不可少的。由于染色加工是一个复杂的物理化学反应过程，其动态特性的精确描述是极为复杂的。因此，在建立染色动力学模型过程中应尽可能对模型进行简化。所建的动力学模型力求简单实用，在满足工艺要求的条件下能正确可靠地反映过程输入和输出之间的动态关系。

本研究在前人染色动力学模型研究的基础上，推导染色动力学模型结构，结合大量的实验样本数据，基于非线性回归分析方法对染色过程染料上染率动力学机理模型的参数进行估计，并设计了一种便于计算染料平衡上染率的有效方法。

4.4.1 染色过程染料上染率动力学机理模型

在染色过程中，扩散动力学方程描述了染料向纤维扩散的特性。在菲克第二定律的基础上，结合威克斯达夫（T. Vickerstaff）通过大量的由无限染浴向有限体积圆筒中扩散的实验得到的实验数据，即 M_t/M_∞ 与 Dt/a^2 关系，对 M_t/M_∞ 与 Dt/a^2 进行曲线拟合，构造简单实用的染料扩散数学模型。

（1）M_t/M_∞ 与 Dt/a^2 关系

染料固着是染色过程的最后阶段，在这个阶段之前是染料从外部介质向纤维表面的扩散、在纤维外表面上吸附和纤维内的扩散等阶段。染料扩散到纤维表面以及在纤维内的扩散都服从传质的一般规律，染料在其中进行扩散的介质的性质，对扩散的机理和速度都有重大影响。

染料在外部介质中和在纤维中扩散作为最普遍的一种传质现象，具有一定的规律性。因此，M_t/M_∞ 与 Dt/a^2 存在某种函数关系，其中，M_t 表示在 t 时间内染料进入纤维的扩散物质的总量，M_∞ 表示对应于无限长时间内染料进入纤维的扩散物质的量，即染色达到平衡时染料进入纤维的扩散物质的量；a 表示纤维薄膜厚度；D 表示扩散系数（扩散系数表示染料在纤维中的扩散性能）。威克斯达夫通过大量的由无限染浴向有限体积圆筒中扩散的实验得到的实验数据，然后根据 M_t/M_∞ 与 Dt/a^2 一一对应的实验数据制成表格（见附录 3）。M_t/M_∞ 与 Dt/a^2 关系表在实际计算中得到了广泛应用，特别是在求取染料在纤维内部扩散过程的扩散系数的应用中，可通过查此表，方便得到 M_t/M_∞ 所对应的 Dt/a^2 值。将表中（$(M_t/M_\infty)_i$，$(Dt/a^2)_i$），（i=0,1,2,⋯）画成散点图，如图 4–3 所示。

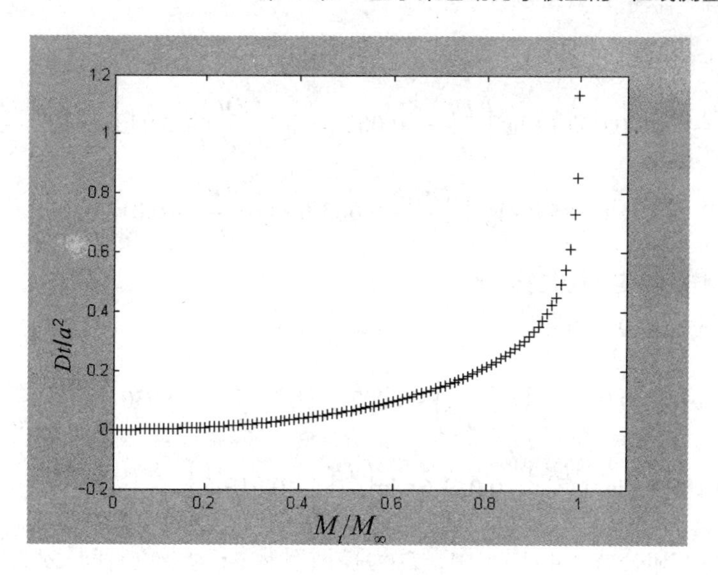

图 4-3　M_t/M_∞ 与 Dt/a^2 的关系

2. 基于回归分析的染料上染率模型

本书根据 M_t/M_∞ 与 Dt/a^2 关系表，对 M_t/M_∞ 与 Dt/a^2 进行曲线拟合，构造更为实用的数学模型。由于 M_t/M_∞ 与 Dt/a^2 之间成指数函数关系，因此，采用多项式曲线拟合，其结果如图 4-4 所示。

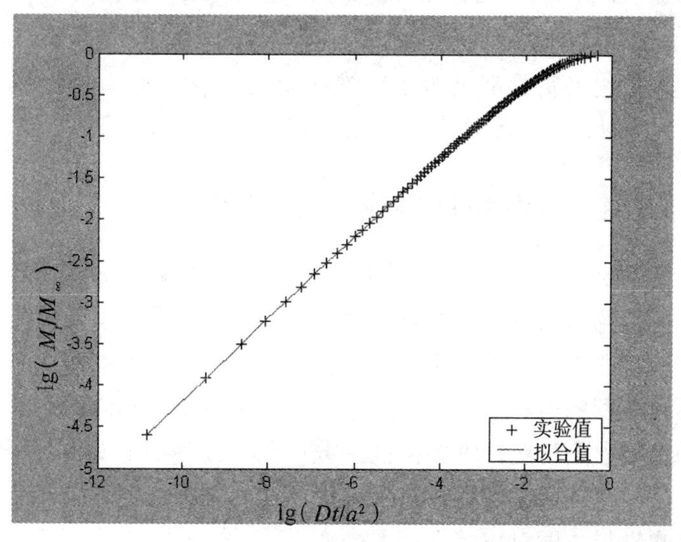

图 4-4　lg（Dt/a^2）与 lg（M_t/M_∞）的关系

同时，其多项式回归方程为

$$\lg\left(\frac{M_t}{M_\infty}\right)=-0.000\,1\times\lg^5\left(\frac{Dt}{a^2}\right)-0.002\,5\times\lg^4\left(\frac{Dt}{a^2}\right)-0.030\,5\times\lg^3\left(\frac{Dt}{a^2}\right)-0.185\,8\times\lg^2\left(\frac{Dt}{a^2}\right)-0.083\,6\times\lg\left(\frac{Dt}{a^2}\right)-0.013\,6 \quad (4\text{–}9)$$

其标准残差 S= 0.0335。

由公式（4–9）可得：

$$M_t=M_\infty\exp\left(-0.000\,1\times\lg^5\left(\frac{Dt}{a^2}\right)-0.002\,5\times\lg^4\left(\frac{Dt}{a^2}\right)-0.030\,5\times\lg^3\left(\frac{Dt}{a^2}\right)-0.185\,8\times\lg^2\left(\frac{Dt}{a^2}\right)-0.083\,6\times\lg\left(\frac{Dt}{a^2}\right)-0.013\,6\right) \quad (4\text{–}10)$$

公式（4–9）和公式（4–10）中，D 为扩散系数；t 为染色时间；a 为纤维半径；M_t 为 t 时刻的上染率；M_∞ 为平衡上染率。

公式（4–10）即为所求的针织物染色过程上染率动力学模型，其中，纤维半径 a 与纤维种类、结构相关；扩散系数 D 及平衡上染率 M_∞ 主要由染色温度、染料浓度决定，均可以通过实验获得，而且它们均为常量。因此，在染料上染纤维过程中，当染色工艺参数确定后，通过测定染色时间 t 便可直接推算 t 时刻对应的上染率，从而直观地反映染料上染情况。因为拟合的标准残差 S 值很小，表明其拟合质量较高。所以，公式（4–10）的预测精度也比较高。

由于威克斯达夫实验都是假定纤维在无限染浴，而且所使用纤维的截面是圆筒状的，所以该上染率动力学模型也只适用于圆筒状纤维的染色过程。

4.4.2 活性染料染色过程平衡上染率模型

根据针织物染色上染率动力学模型可知，为了预测染料的上染率，除了在特定的染色工艺参数下，还需要知道染料的扩散系数和平衡上染率。染色理论认为，在特定的染色环境下每一种染料上染某种纤维的扩散系数是固定不变的，但是不同浓度的染料上染某种纤维的平衡上染率是不同的。因此，可以事先测定某种染料上染特定纤维的扩散系数，但是很难测定染料的每种浓度对应的平衡上染率，只能通过建立在特定染色环境下染料浓度与平衡上染率的数学模型，来预测染料浓度对应的平衡上染率。

本研究以活性染料 RR– 红、活性染料 RR– 黄、上染针织物过程为研究对象，通过大量实验获取实验数据，应用多项式回归的建模方法，建立了这 3 种活性染料对针织物染色过程平衡上染率模型。

（1）实验部分

①染浴组成。

将活性染料 RR- 红、活性染料 RR- 黄和活性染料 RR- 蓝各自配制成质量浓度为 0.01 % owf、0.05 % owf、0.1 % owf、0.15 % owf、0.2 % owf、0.25 % owf、0.28 % owf、0.3 % owf、0.35 % owf、0.4 % owf、0.45 % owf、0.5% owf 等 12 种浓度的染液。

元明粉：20%；纯碱：10%；浴比：1∶10。

②染色工艺。

染色时间（min）：50。

染色温度（℃）：60。

③上染率的测定。

采用 X752A 型分光光度计将不同浓度染液的染色前和染色后在最大吸收波长处的吸光度 A_0 及 A_1 进行测试，利用下面公式计算不同染色时间染料的上染率 M_t：

$$M_t = \left(1 - \frac{A_1}{A_0}\right) \times 100\% \tag{4-11}$$

公式（4-11）中，A_0 为染色前染液在最大吸收波长处的吸光度；A_1 为染色后染液在最大吸收波长处的吸光度。

④平衡上染率的求法。

平衡上染率采用近似法求得，它采用了威克斯达夫的双曲线吸附方程式：

$$Kt = \frac{1}{c_\infty - c_t} \cdot \frac{1}{c_\infty} \tag{4-12}$$

方程式（4-12）中，c_t 为 t 时间的上染率；c_∞ 为平衡上染率；K 为常数。把式（4-12）变换为一直线方程形式：

$$\frac{1}{c_t} = \frac{1}{c_\infty^2 \cdot K} t^{-1} + \frac{1}{c_\infty} \tag{4-13}$$

方程式（4-13）为 $\frac{1}{c_t}$ 对 t^{-1} 的直线方程式，其中 $1/\ c_\infty^2 \cdot K$ 为直线方程的斜率，$\frac{1}{c_\infty}$ 为直线方程式的截距，当 $t^{-1} \to 0$ 时，则 $c_t \to c_\infty$。因此，通过作图，用外推法可以很方便地求得 c_∞，如图 4-5 所示。

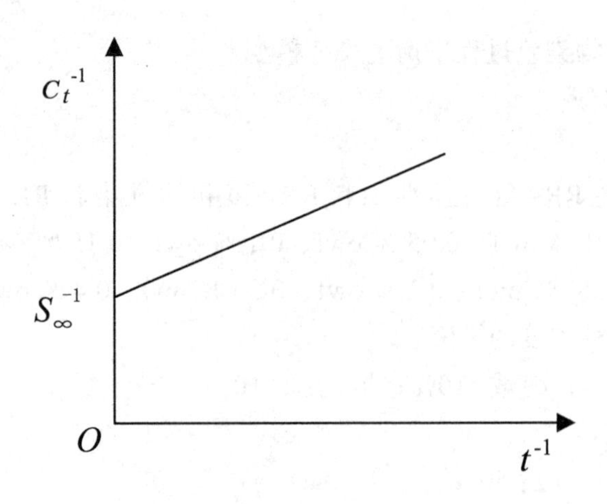

图 4-5 C_t^{-1} 与 t^{-1} 的关系曲线

（2）染料平衡上染率模型建立

由于在染色生产中，不同浓度的染料上染某种纤维的平衡上染率是不同的，因此，染料的质量浓度与织物测得的平衡上染率存在着必然的联系。若能够建立它们之间的关系模型，就能对染料不同浓度的平衡上染率进行预测。在恒定温度条件下，根据上述实验获得不同染料浓度条件下的染料平衡上染率，如表 4-1 所示。应用 MATLAB 软件实现染料浓度与平衡上染率的最小二乘曲线拟合，并得到相应的拟合函数，如式（4-14）、式（4-15）和式（4-16）所示，其拟合效果分别如图 4-6、图 4-7 和图 4-8 所示。

表4-1 3种活性染料平衡上染率的实验数据表

染料浓度 /% owf	活性 RR- 红 平衡上染率 /%	活性 RR- 黄 平衡上染率 /%	活性 RR- 蓝 平衡上染率 /%
0.01	77.44	78.23	60.42
0.05	77.97	81.27	75.83
0.1	85.60	86.96	82.64
0.15	88.25	84.70	71.40
0.20	79.11	78.01	62.25
0.25	74.80	74.58	46.45
0.28	70.77	74.77	49.89

续　表

染料浓度 /% owf	活性 RR- 红 平衡上染率 /%	活性 RR- 黄 平衡上染率 /%	活性 RR- 蓝 平衡上染率 /%
0.30	70.04	72.36	46.25
0.35	59.01	68.40	37.36
0.40	54.78	64.46	31.31
0.45	45.56	56.04	25.61
0.50	40.79	51.48	20.07

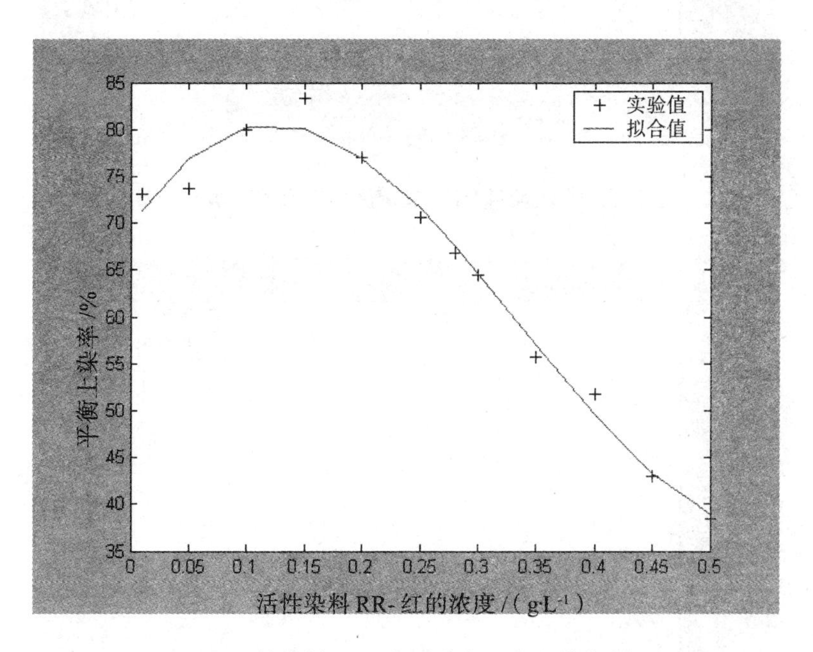

图 4-6　活性染料 RR- 红浓度与平衡上染率关系图

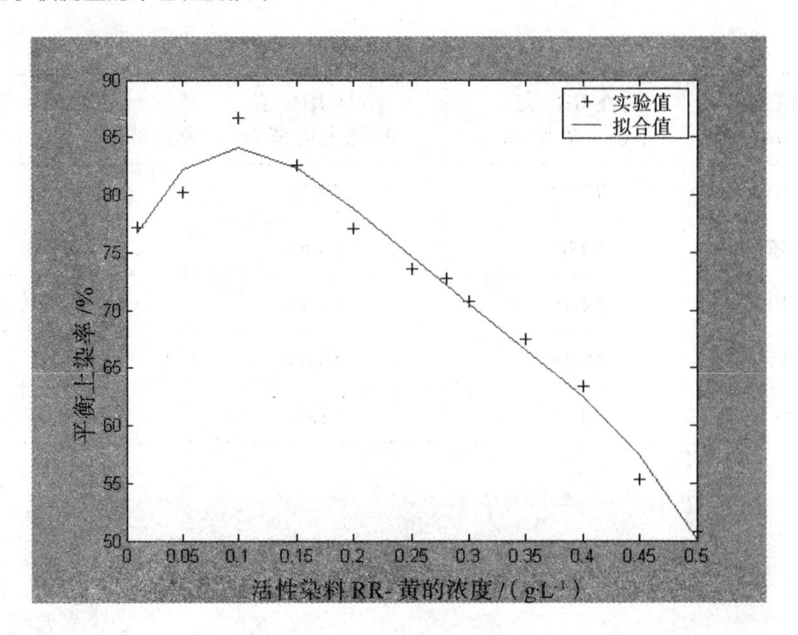

图 4-7 活性染料 RR- 黄浓度与平衡上染率关系图

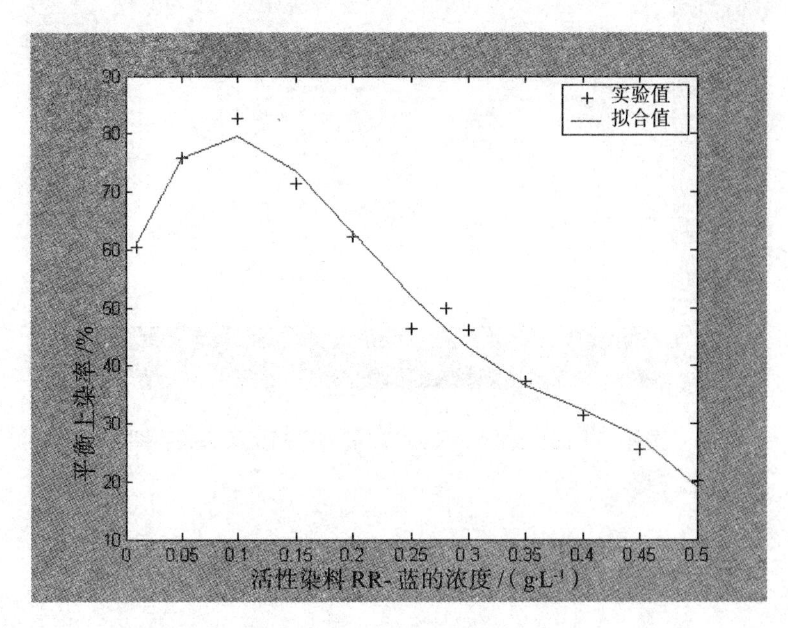

图 4-8 活性染料 RR- 蓝浓度与平衡上染率关系图

活性染料 RR- 红平衡上染率的多项式拟合函数为

$$\begin{cases} M_{\infty 1}=4.097\,9c_1^{\,4}+6.067\,4c_1^{\,3}-9.122\,4c_1^{\,2}+1.917\,3c_1+0.695\,5 & (c_1<0.5) \\ M_{\infty 1}=0.174\,6(1/c_1)+0.083 & (c_1>0.5) \end{cases} \tag{4-14}$$

公式（4–14）中，$M_{\infty 1}$ 和 c_1 分别表示活性染料 RR– 红的平衡上染率和浓度。

活性染料 RR– 黄平衡上染率的多项式拟合函数为

$$\begin{cases} M_{\infty 2}=-34.293\,6c_2^{\,4}+40.007\,4c_2^{\,3}-16.978\,8c_2^{\,2}+2.282\,7c_2+0.745\,8 & (c_2<0.5) \\ M_{\infty 2}=0.139\,2(1/c_2)+0.261\,9 & (c_2>0.5) \end{cases} \tag{4-15}$$

公式（4–15）中，$M_{\infty 2}$ 和 c_2 分别表示活性染料 RR– 黄的平衡上染率和浓度。

活性染料 RR– 蓝平衡上染率的多项式拟合函数为

$$\begin{cases} M_{\infty 3}=-102.025\,6c_3^{\,4}+123.219\,9c_3^{\,3}-50.165\,6c_3^{\,2}+6.304\,2c_3+0.553\,0 & (c_3<0.5) \\ M_{\infty 3}=0.107\,9(1/c_3)+0.048\,6 & (c_3>0.5) \end{cases} \tag{4-16}$$

公式（4–16）中，$M_{\infty 3}$ 和 c_3 分别表示活性染料 RR– 蓝的平衡上染率和浓度。

4.4.3　仿真研究

利用所建立的间歇式染色过程染料上染率动力学模型预测这 3 组染料在不同初始浓度条件下，其染色过程中不同时刻对应的上染率，并与离线实测的上染率进行比较，结果分别如图 4–9、图 4–10 和图 4–11 所示。

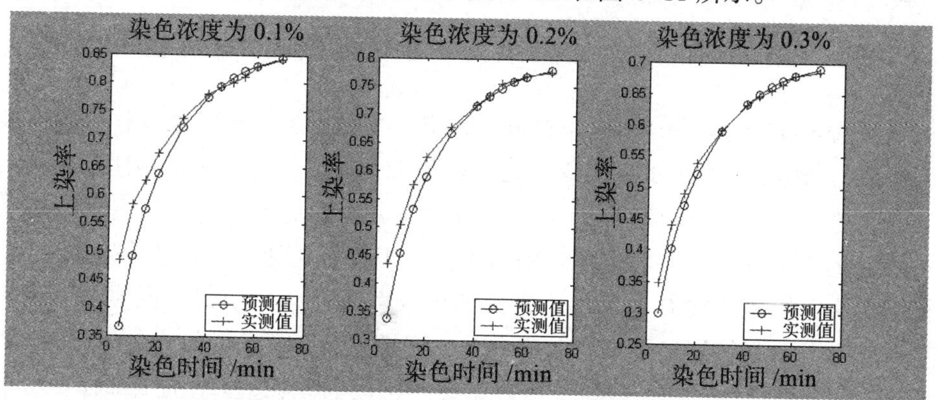

图 4–9　不同初始浓度的活性染料 RR– 红的上染率预测值与实测值对比图

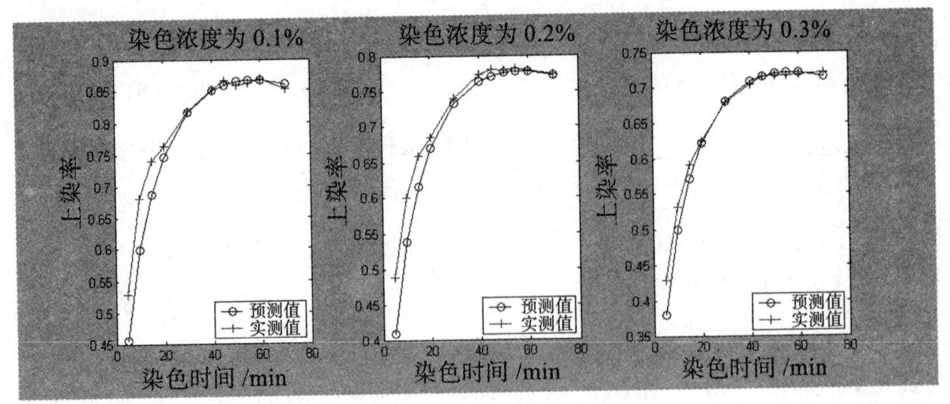

图 4-10　不同初始浓度的活性染料 RR- 黄的上染率预测值与实测值对比图

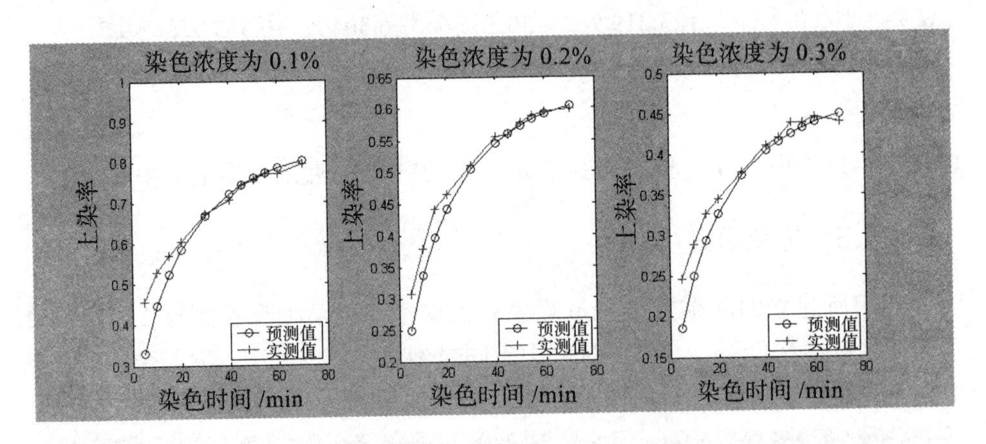

图 4-11　不同初始浓度的活性染料 RR- 蓝的上染率预测值与实测值对比图

从图 4-9、图 4-10 和图 4-11 可以看出，3 种染料上染纤维过程中，在染色初期，利用染料浓度的上染率动力学模型的预测值，与实测值相比都存在一定的偏差，而在染色中期和后期，预测值与实测值基本一致，这主要与扩散系数 D 的求取有关。一般地，当染料类型、织物种类和工艺条件确定下来时，我们就认为扩散系数 D 也确定下来，即扩散系数 D 为一定值。但实际上，扩散系数 D 与染料特性以及染料浓度有关，而且还与染色条件如 pH 值、助剂量等有关。随着染色过程的推进，染料浓度、染液的 pH 值及助剂量都在发生变化，扩散系数 D 也相应发生变化，即扩散系数 D 并不是定值。尽管如此，我们通常将不同时间上的 D_i 相加取平均值 D 作为整个染色过程的扩散系数，近似地把 D 看作为染料上染快慢的衡量指标。因此，在染色初期预测的上染率与实际值存在偏差是正常的，而且此时的偏差并不会影响我们对染色过程的控

制，因为在染色过程中的控制主要是对染色中期和后期上染率的控制。

由此可见，建立的染料上染率动力学模型基本符合实际的上染情况，满足染色过程控制的要求。

4.4.4　结论

本研究建立的间歇式染色过程染料上染率动力学模型基本符合实际上染情况，表征了纤维染色动力学的过程，而且适用于不同类型的染料上染针织物的染色过程，具有一定的通用性。另外，该上染率动力学模型虽然只面向圆筒状纤维的染色过程，但其研究结论证明了针织物染色过程上染率的可预测性，为染色过程控制奠定了坚实的基础，同时本研究中的建模方法对平板状纤维染色的建模研究也具有一定的参考价值。

4.5　间歇式染色过程织物色泽软测量模型

4.5.1　机理模型

（1）模型推导

针对不透明样品的 Kubelka-Munk 方程为

$$\left(\frac{K}{S}\right)=\frac{(1-\rho)^2}{2\rho} \tag{4-17}$$

公式（4-17）中，（K/S）为膜层的总吸收系数和总散射系数的比值；ρ 为光谱反射率，下同。

根据 Kubelka-Munk 单常数理论，有

$$\left(\frac{K}{S}\right)_s=\left(\frac{K}{S}\right)_t+c_1\left(\frac{K}{S}\right)_1+c_2\left(\frac{K}{S}\right)_2+\cdots+c_n\left(\frac{K}{S}\right)_n \tag{4-18}$$

公式（4-18）中，$(K/S)_s$ 为多种染料混合时总的 K/S 值；$(K/S)_t$ 为基底的 K/S 值；$(K/S)_1$，$(K/S)_2$，…，$(K/S)_n$ 为 n 种染料对应的单位浓度 K/S 值；c_1，c_2，…，c_n 为组成膜层的 n 种染料的浓度，下同。

即

$$\left(\frac{K}{S}\right)_s=\left(\frac{K}{S}\right)_t+\boldsymbol{\psi}\boldsymbol{C}_f \tag{4-19}$$

公式（4–19）中，

$$\boldsymbol{\psi}=\left[(K/S)_1(K/S)_2\cdots(K/S)_n\right]$$

$$\boldsymbol{C}_{\mathrm{f}}=\left[c_1\ c_2\cdots c_n\right]^{\mathrm{T}}$$

联立公式（4–17）至（4–19），可得

$$\left(\frac{\rho+1}{\rho}\right)=2\boldsymbol{\psi}\boldsymbol{C}_{\mathrm{f}}+2\left[1+\left(\frac{K}{S}\right)_{\mathrm{t}}\right] \tag{4–20}$$

由于某一波长 λ 处对应着一个（K/S）值，即（K/S）（λ）因此在某一波长 λ 处，公式（4–17）可改写为

$$\left(\frac{K}{S}\right)(\lambda)=\frac{\left[1-\rho(\lambda)\right]^2}{2\rho(\lambda)} \tag{4–21}$$

同理，公式（4–20）可写为

$$\left[\frac{\rho(\lambda)+1}{\rho(\lambda)}\right]=2\boldsymbol{\psi}(\lambda)\boldsymbol{C}_{\mathrm{f}}+2\left[1+\left(\frac{K}{S}\right)_{\mathrm{t}}(\lambda)\right] \tag{4–22}$$

公式（4–22）中，ρ（λ）为波长 λ 处的光谱反射率，下同。

其中，

$$\boldsymbol{\psi}(\lambda)=\left[\left(\frac{K}{S}\right)_1(\lambda)\left(\frac{K}{S}\right)_2(\lambda)\cdots\left(\frac{K}{S}\right)_n(\lambda)\right]$$

根据染色化学理论，染料初始浓度、织物纤维上的染料浓度和染机中染液组分染料浓度应满足以下关系，即

$$C_{\mathrm{f}}=\mu\left(C_0-C_{\mathrm{t}}\right) \tag{4–23}$$

公式（4–23）中，C_{f} 为织物纤维上的染料浓度；C_0 为染料的初始浓度；C_{t} 为染液中组分染料浓度；μ 为调整系数，用于补偿染料本身发生缔合或与助剂发生作用以及水解造成的损失，下同。

根据 Lambert–Beer 定律可知，在染料浓度合适的范围内，染液的吸光度与浓度之间呈线性关系，即

$$\frac{C_0}{A_0}=\frac{C_{\mathrm{t}}}{A_{\mathrm{t}}} \tag{4–24}$$

公式（4–24）中，A_0 为染色前染浴在最大吸收波长处的吸光度；A_t 为 t 时刻染色残液在最大吸收波长处的吸光度，下同。

由残液法可知，在恒温条件下，染料的上染率可由吸光度求得，即

$$M_t = 1 - \frac{A_t}{A_0} \tag{4-25}$$

公式（4–25）中，M_t 为染色过程中染料上染率。

联立公式（4–23）～（4–25），可得：

$$C_{\mathrm{f}} = \mu C_0 M_t \tag{4-26}$$

取波长为 400 ～ 700nm，每隔 20nm 测量一个点，共 16 个点，故可得 16 个方程组成的方程组。联立公式（4–22）和公式（4–26）可得：

$$\begin{bmatrix} \dfrac{\rho(400)+1}{\rho(400)} \\ \dfrac{\rho(400)+1}{\rho(400)} \\ \vdots \\ \dfrac{\rho(400)+1}{\rho(400)} \end{bmatrix}_{16\times1} = 2\mu \begin{bmatrix} \boldsymbol{\psi}(400) \\ \boldsymbol{\psi}(420) \\ \vdots \\ \boldsymbol{\psi}(700) \end{bmatrix}_{16\times n} \begin{bmatrix} c_{1,0}M_{1,t} \\ c_{2,0}M_{2,t} \\ \vdots \\ c_{n,0}M_{n,t} \end{bmatrix}_{n\times1} + 2\left\{1+\begin{bmatrix} \left(\dfrac{K}{S}\right)_{\mathrm{t}}(400) \\ \left(\dfrac{K}{S}\right)_{\mathrm{t}}(420) \\ \vdots \\ \left(\dfrac{K}{S}\right)_{\mathrm{t}}(700) \end{bmatrix}_{16\times1}\right\} \tag{4-27}$$

公式（4–27）中，c_1，c_2，…，c_n 分别为染色过程 n 种染料的浓度；$c_{1,0}$，$c_{2,0}$，…，$c_{n,0}$ 分别为 n 种染料的初始浓度；$M_{1,t}$，$M_{2,t}$，...，$M_{n,t}$ 分别为染色过程 n 种染料的上染率。$n=\{0<n\leqslant 3 \mid n\in\mathbf{Z}\}$。令

$$\boldsymbol{P} = \left[\frac{\rho(400)+1}{\rho(400)}\ \frac{\rho(420)+1}{\rho(420)} \cdots \frac{\rho(700)+1}{\rho(700)}\right]^{\mathrm{T}}$$

$$\boldsymbol{\varphi} = \left[\boldsymbol{\psi}(400)\ \ \boldsymbol{\psi}(420)\cdots\boldsymbol{\psi}(700)\right]^{\mathrm{T}}$$

$$\boldsymbol{f}^{(t)} = \left[\left(\frac{K}{S}\right)_{\mathrm{t}}(400)\ \left(\frac{K}{S}\right)_{\mathrm{t}}(420)\cdots\left(\frac{K}{S}\right)_{\mathrm{t}}(700)\right]^{\mathrm{T}}$$

则

$$\boldsymbol{P} = 2\mu\boldsymbol{\varphi}\left[c_{1,0}M_{1,t}\quad c_{2,0}M_{2,t}\cdots c_{n,0}M_{n,t}\right]^{\mathrm{T}} + 2\left(1+\boldsymbol{f}^{(t)}\right) \tag{4-28}$$

由于 $\boldsymbol{\mu}$、$\boldsymbol{\varphi}$、$\boldsymbol{f}^{(\mathrm{t})}$ 是常量，则公式（4–28）可看成多元线性回归模型的形式。即

$$\boldsymbol{P} = \boldsymbol{A}_{16\times n}\left[C_{1,0}M_{1,t}\quad C_{2,0}M_{2,t}\cdots C_{n,0}M_{n,t}\right]^{\mathrm{T}} + \boldsymbol{B}_{16\times1} \tag{4-29}$$

公式（4–29）中，***A*** 为回归系数矩阵；***B*** 为常数项矩阵，可由实验数据估计获得。

（2）三刺激值计算公式

将从 ***P*** 获得的反射率 ρ（λ）转换成 CIE 三刺激值 X、Y、Z，即

$$\begin{bmatrix} X \\ Y \\ Z \end{bmatrix} = k \cdot \Delta\lambda \cdot \boldsymbol{T} \cdot \boldsymbol{E} \cdot \boldsymbol{R} \tag{4–30}$$

公式（4–30）中，

$$\boldsymbol{T} = \begin{bmatrix} \bar{x}_{10}(400) & \bar{x}_{10}(420) \cdots \bar{x}_{10}(700) \\ \bar{y}_{10}(400) & \bar{y}_{10}(420) \cdots \bar{y}_{10}(700) \\ \bar{z}_{10}(400) & \bar{z}_{10}(420) \ldots \bar{z}_{10}(700) \end{bmatrix}$$

其中，$\bar{x}_{10}(\lambda), \bar{y}_{10}(\lambda), \bar{z}_{10}(\lambda)$ 为 CIE 光谱三刺激值函数（CIE 1964 标准色度学系统），要求人眼观察被测物体的视角在 4° ～ 10° 之间，λ 表示波长，并假设在 400 ～ 700nm 范围内采用的波长间距 $\Delta\lambda$ 为 20nm，下同。

$$\boldsymbol{E} = \begin{bmatrix} S(400) & & & \\ & S(420) & & \\ & & \ddots & \\ & & & S(700) \end{bmatrix}$$

S（λ）表示由其 λ 波长处的标准光源的相对光谱功率分布，此处采用 D_{65} 标准照明体。

$$\boldsymbol{R} = \begin{bmatrix} \rho(400) \\ \rho(420) \\ \vdots \\ \rho(700) \end{bmatrix}$$

ρ（λ）为光谱反射率。k 为归一化常数，且

$$k = \frac{100}{\sum_{\lambda} S(\lambda)\bar{y}_{10}(\lambda)\Delta\lambda}$$

总之，在染料初始浓度已知条件下，通过测定染色过程中染料的上染率，根据公式（4–29）即可预测反射率 ρ（λ），再根据三刺激值计算公式就可以获得三刺激值 X、Y、Z。不同类型染料的染色过程，其模型参数可以由其具体的实验数据采用最小二乘法来估计获得。本研究以 3 种活性染料拼染纯棉的染色过程为例，对预测算法进行验证。

4.5.2　试验部分

以活性染料 RR- 红、活性染料 RR- 黄和活性染料 RR- 蓝拼染 18.45tex 纯棉织物为实例，由实验数据采用最小二乘回归方法获得公式（4–29）中参数 A 和 B（取 n=3），并验证间歇式染色过程织物色泽软测量方法的可行性。

（1）原料和仪器

原料：活性染料 RR- 红、活性染料 RR- 黄、活性染料 RR- 蓝、元明粉（Na_2SO_4）、18.45tex 棉织物、纯碱（Na_2CO_3）等。

仪器：H–24SE 打样机、X752A 型分光光度计、SF600 型测色仪等。

（2）实验方法

元明粉：20%；纯碱：10%；浴比：1 ∶ 10；染色温度：60 ℃。

染色工艺：初温 40℃入染，以 1℃ /min 的升温速率升至 60 ℃，再保温 30 min，然后取出织物进行皂洗烘干。

（3）实验内容

测定这 3 种活性染料各浓度梯度对 18.45tex 纯棉进行单染时的上染率，具体步骤如下：

将每种活性染料均配制成 0.01 % owf、0.02 % owf、0.03 % owf、0.05 % owf、0.08 % owf、0.1 % owf 的染液，分别对 18.45tex 棉织物进行染色，同时进行空白染色（不加染料，只加助剂溶液，以同样条件进行染色）。当染色时间为 50 min 时，将织物自 6 个不同浓度烧杯中取出，吸取残液各 5mL，测出在各自最大吸收波长处的吸光度，采用残液法测定对应的染料上染率。

测定这 3 种活性染料各浓度梯度对 18.45tex 纯棉进行混染时各个织物的反射率，具体步骤如下：

对这 3 种活性染料浓度梯度 0.01 % owf、0.02 % owf、0.03 % owf、0.05 % owf、0.08 % owf、0.1 % owf 进行正交实验设计，分别对 18.45tex 纯棉进行混染。当染色时间为 50 min 时，将织物自各组烧杯中取出，将各自织物烘干测量其表面反射率。

实验数据分别用于模型参数的估计和算法的验证。

4.5.3　参数估计

根据机理分析可知，反射率 $\rho(\lambda)$ 与上染率 M_t 以及初始浓度 C_0 的模型结构符合多元线性回归模型的形式，即

$$\boldsymbol{P}=\boldsymbol{A}_{16\times 3}\left[C_{1,0}M_{1,t}\ C_{2,0}M_{2,t}\ C_{3,0}M_{3,t}\right]^{\mathrm{T}}+\boldsymbol{B}_{16\times 1}$$

根据实验数据，应用 MATLAB 多元回归分析指令可获得模型参数 $\boldsymbol{A}_{16\times 3}$ 和 $\boldsymbol{B}_{16\times 1}$，并得到 16 组的检验统计量 Stats，如表 4–2 所示。

表4–2　模型参数和检验统计量

波长 /nm	*A*			*B*	统计数据		
					R^2	*F*	*p*
400	4.46	10.16	5.20	2.16	0.99	692	0
420	4.21	12.27	4.43	2.13	0.99	814	0
440	4.17	14.24	4.39	2.12	0.99	880	0
460	5.12	12.91	4.36	2.13	0.99	802	0
480	9.11	11.25	4.52	2.14	0.99	707	0
500	14.87	8.06	4.71	2.15	0.99	648	0
520	17.34	4.57	6.30	2.15	0.99	610	0
540	17.53	2.47	9.25	2.15	0.99	546	0
560	14.23	1.71	14.17	2.13	0.99	563	0
580	5.43	1.63	17.70	2.08	0.99	833	0
600	1.17	1.65	20.14	2.05	0.99	116 5	0
620	0.05	1.63	20.46	2.04	0.99	125 2	0
640	−0.08	1.27	16.32	2.02	1.00	137 1	0
660	−0.06	0.74	9.02	2.00	1.00	134 4	0
680	0.01	0.36	4.69	2.00	0.99	890	0
700	−0.01	0.15	1.42	2.00	0.99	540	0

从表 4–2 可以看出，相关系数 R^2 均接近于 1，F 值均有 $F>F_{\alpha}(k,n-k-1)$ =4.10，p=0，即 $p<\alpha$（其中，显著性水平 α=0.05，n=24，自由度 n_1=k=3，

$n_2=n-k-1=20$，查 F 分布表[①] 获得其值），可知回归模型成立。对实验值与拟合值做残差分析，得数据残差图，如图 4–12 所示。从图 4–12 可以看出，数据的残差离零点均较近，且残差的置信区间均包含零点，这说明回归模型能较好地符合实验值。

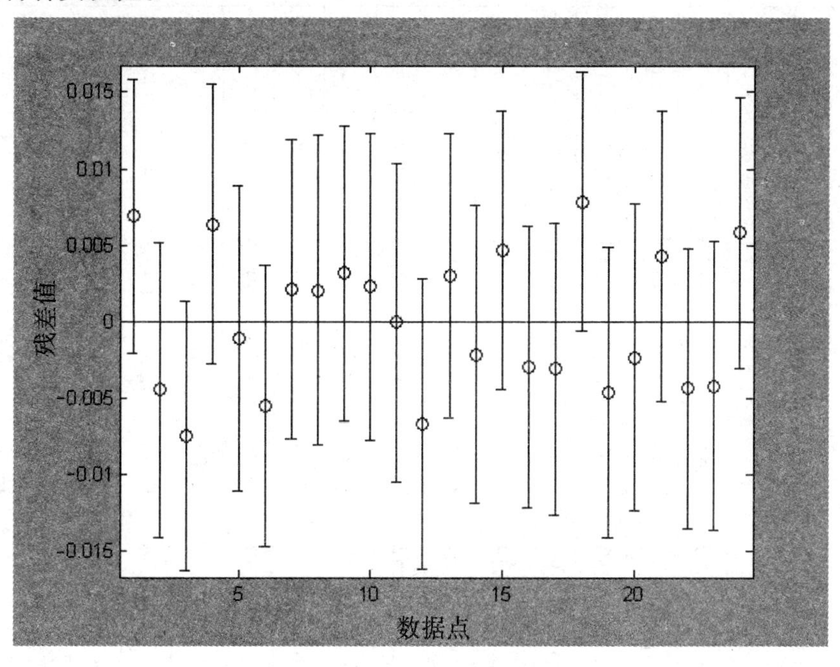

图 4–12　数据残差图

4.6　仿真验证

4.6.1　结果与讨论

根据以上的模型参数，对试验部分的 15 组验证样本数据进行预报验证。应用 MATLAB 软件实现该软测量方法并输出其预测值，然后采用 CIE 1976（$L^*a^*b^*$）颜色空间中的色差公式对织物色泽预测值和实测值之间的差别进行评价，结果如表 4–3 所示。

---

① 刘承平 . 数学建模方法 [M] 北京 : 高等教育出版社 ,2002:24–33.

表4-3 不同初始浓度下织物颜色的预测值与实测值的对比及色差评估

组	预测值						实测值						色差（CIE LAB）
	X	Y	Z	L	a	b	X	Y	Z	L	a	b	
1	34.36	37.44	50.95	67.61	−4.15	−11.16	34.80	37.81	51.58	67.88	−4.83	−11.32	0.46
2	40.77	39.84	52.01	69.36	9.21	−9.21	40.53	39.58	52.36	69.17	9.28	−9.88	0.70
3	32.20	32.84	46.86	64.03	4.62	−14.05	32.30	32.69	46.43	64.91	4.53	−12.79	0.96
4	32.15	35.23	41.43	65.93	−4.71	−4.70	31.89	34.91	41.23	65.68	−4.59	−4.90	0.34
5	49.75	46.16	44.60	74.65	16.59	6.00	49.29	45.50	44.16	74.22	17.17	5.76	0.76
6	38.16	37.69	41.96	67.79	7.72	−1.11	37.08	36.51	40.73	66.91	8.03	−1.19	0.94
7	30.32	31.25	38.81	62.71	2.38	−6.12	30.52	31.29	38.83	62.75	2.97	−6.08	0.59
8	45.47	39.16	40.41	68.87	25.26	2.57	44.36	38.19	39.35	68.16	25.13	2.61	0.72
9	35.29	32.46	38.29	64.72	15.80	−4.76	34.85	32.24	37.85	64.54	15.06	−4.52	0.79
10	28.32	27.31	35.70	59.26	9.58	−8.18	28.37	27.51	35.75	59.45	9.00	−7.93	0.66
11	37.94	40.06	35.38	69.52	−0.40	9.92	37.71	40.04	35.16	69.50	−1.08	10.16	0.72
12	30.00	32.84	34.18	64.03	−4.51	4.36	29.56	32.35	32.80	64.63	−4.43	4.19	0.45
13	35.56	35.29	34.46	65.97	6.97	6.34	35.01	34.65	34.31	65.47	7.29	5.68	0.89
14	28.42	29.45	31.52	61.17	1.75	0.72	27.94	28.82	31.14	60.62	2.22	0.30	0.84
15	34.08	30.73	31.13	62.28	14.36	4.17	32.74	30.46	30.90	62.05	14.12	4.10	0.34

从表 4–3 可以看出，间歇式染色过程中针织物颜色预测算法的预测性能很好，颜色预测值和实测值之间的色差值均在 1.0（CIE LAB）以内，满足染色工艺要求。因此，间歇式染色过程针织物颜色预测算法是可行有效的。

4.6.2　结论

从上述推导过程和仿真结果可以看出，以公式（4–29）作为间歇式染色过程中织物色泽的数学模型，能够比较准确地预测活性染料上染纯棉的染色效果。通过染料上染率动力学模型获得的染料上染率等辅助变量和织物色泽软测量模型就可获得间歇染机中织物色泽三刺激值的估计。该方法的研究为间歇式染色过程产品质量在线监控的实现提供了新思路和研究经验。

4.7　本章小结

基于染色动力学模型的软测量方法就是深入分析染色过程的扩散机理，进一步认识工艺流程，通过研究染料与纤维的传质过程，基于菲克扩散定律，建立染料上染率动力学模型，同时，通过对间歇式染色过程织物色泽在线测量机理研究，确定织物色泽和染料上染率的模型结构；然后利用大量过程输入输出数据，运用回归分析方法估计模型参数，从而建立间歇式染色过程织物色泽软测量模型。对于基于染色动力学模型的软测量方法，提高模型的预测精度和可靠性的关键在于染色动力学模型和织物色泽软测量模型的准确性和算法的有效实时性。

基于染色动力学模型的软测量方法虽然取得了一定的效果，但是仍然存在以下三个方面的局限性：

① 可行性的前提条件是忽略染色过程中所使用染料之间的相互作用，即染料浓度需达到可以忽略染料间相互作用的适宜范围，比较适用于低浓度的染色过程，存在局限性。

② 未考虑染料水解反应、染液流动及助剂性质、用量等因素，染色动力学模型还不够完善。

③ 没有很好消除测量噪声的方法，而实际染色过程中噪声对织物色泽测量精度影响很大。

因此，基于染色动力学模型的软测量方法难以应用于实际的染色工业过程，该方法可应用于实验仿真，用来模拟实际染色过程的运行情况，加深对实际染色过程的理解，提高操作水平；同时，通过模型仿真，还可以帮助掌握织物色泽的动态特性，为间歇式染色过程的优化和控制奠定基础。

第 5 章 染液多组分浓度测量理论与分析方法

本章阐述了现有的各种分光光度测定方法，总结了单组分定量测定和多组分混合物同时测定的方法的研究进展及各自存在的问题，针对如何实时测定混合染液中各组分染料浓度并有效地减少测量误差，提出了基于状态估计算法的分光光度法用于染液多组分浓度分析，并重点分析了非线性滤波算法应用于非线性光度分析体系的基本思想和研究进展。

5.1　分光光度法的概述

5.1.1　Lambert-Beer 定律

朗伯比尔（Lambert-Beer）定律可以描述为，当一束平行单色光通过某一均匀的有色溶液时，光的一部分被介质吸收，一部分透过溶液，则溶液的吸光度与溶液厚度和溶液浓度的乘积成正比。这就是朗伯比尔（Lambert-Beer）定律，其数学表达式为

$$A = \lg \frac{I_0}{I} = \varepsilon bc \tag{5-1}$$

通常把 $\lg(I_0/I)$ 称为吸光度 A(absorbance)，其中，I_0 为入射光强度，I 为透射光强度，b 为溶液液层厚度，c 为溶液浓度 (单位：mol/L)，ε 为摩尔吸光系数。ε 的物理意义如下：物质的浓度为 1 mol/L，液层厚度为 1cm 时溶液的吸光度，它是有色化合物对一定波长的光的特征常数，它随入射光的波长和溶液的性质而改变。

由公式 (5-1) 可见，在一定波长和一定液层厚度的条件下，溶液的吸光度 A 与溶液中有色物质的浓度 c 正比。根据吸光度 A 与溶液浓度 c 之间的直线关系，将待测溶液的吸光度 A_2 与已知浓度为 c_1 的该物质吸光度 A_1 比较，即可求出待测溶液的浓度 c_2，即

$$\frac{c_1}{A_1} = \frac{c_2}{A_2} \tag{5-2}$$

或

$$c_2 = \frac{c_1}{A_1} \times A_2 \tag{5-3}$$

因此，Lambert–Beer 定律是分光光度法测定染液组分浓度的理论基础。

当混合染液是由两种以上的染料组成时，假设各染料之间没有相互作用，在某一波长 λ 处，混合染液的吸光度为各单一染料溶液的吸光度之和，即

$$A_{总}(\lambda) = A_1(\lambda) + A_2(\lambda) + \cdots + A_n(\lambda) = \varepsilon_1(\lambda)bc_1 + \varepsilon_2(\lambda)bc_2 + \cdots + \varepsilon_n(\lambda)bc_n \tag{5-4}$$

公式（5–4）中，$A_{总}(\lambda)$ 为混合染液在 λ 处的吸光度，$A_1(\lambda)$，$A_2(\lambda)$，…，$A_n(\lambda)$ 分别为各单一染料溶液在 λ 处的吸光度，$\varepsilon_1(\lambda)$，$\varepsilon_2(\lambda)$，…，$\varepsilon_n(\lambda)$ 为各染料在 λ 处的吸收系数，c_1，c_2，…，c_n 分别为混合染液中各染料的浓度。

由此可见，在一定条件下，吸光度具有加和性，利用这个性质，即可进行多组分染料浓度的测定。

5.1.2 影响朗伯比尔定律的因素

有些溶液在某些情况下并不遵守 Lambert–Beer 定律，主要有以下三个方面的原因。

（1）单色光不纯所引起的偏离

由 Lambert–Beer 定律的物理意义可知，Lambert–Beer 定律只对一定波长的单色光成立，但在实际测定中，分光光度计为保证足够的光强，其狭缝必须保持一定的宽度，因而从分光光度计上得到的并不是纯的单色光，而是具有一定波长范围的光谱通带，那么，在这种情况下，吸光度与浓度并不完全成直线关系，导致对 Lambert–Beer 定律的偏离。分光光度计提供的入射光波长范围越宽，单色光的纯度越低，对 Lambert–Beer 定律的偏离程度越大。

（2）化学因素引起的偏离

Lambert–Beer 定律只适用于均匀的、相互独立的、无相互作用的吸收粒子体系，即忽略吸光粒子间的相互作用，认为它们是相互无关的。事实上，这些吸光粒子之间常由于溶液浓度的增高而相互作用，如经常会发生缔合、离解、聚集、溶剂化和产生互变异构体等化学变化，引起吸光物质浓度的变化，从而使它们的吸光度改变，使其导致偏离 Lambert–Beer 定律。

（3）杂散光引起的偏离

Lambert–Beer 定律是建立在均匀、非散射的溶液基础上的一般规律，而

吸光物质是由许多粒子组成的，若溶液中这些粒子不均匀，如呈胶体、乳浊、悬浮状态，则入射光除了被吸收外，这些粒子还会对入射光产生散射，并随浓度的增大而增大，降低透光强度，使被测试的吸光度增大，造成偏离 Lambert–Beer 定律。

5.2　分光光度法测定染液浓度

5.2.1　单一染料溶液浓度的测定方法

（1）基本原理

单一染料溶液浓度的测定，通常选择染料的最大吸收波长作为测定波长，因为在最大吸收波长处的吸光度与浓度具有很好的线性关系，在该波长处测定的灵敏度最高。

在同样条件下配制标准染液及试样染液，在所选定的最大吸收波长 λ 处分别测量标准染液及试样染液的吸光度，然后根据公式 (4–5) 计算试样染液的浓度。

$$\frac{A_{标}(\lambda)}{A_{试}(\lambda)}=\frac{c_{标}}{c_{试}} \tag{5–5}$$

公式（5–5）中，$A_{标}(\lambda)$ 为标准染液在 λ 处的吸光度，$A_{标}(\lambda)$ 为试样染液在 λ 处的吸光度，$c_{标}$为标准染液的浓度，$c_{试}$为试样染液的浓度。

由于所测的是同一染料，因此在同一波长下，吸光系数 ε 值相等，故吸光度与浓度呈正比关系。

（2）基本步骤

①溶液准备。

准确称取一定量的染料，用蒸馏水溶解后转移到适当的容量瓶中，并稀释至刻度，摇匀备用。将配制的染液分别按倍数关系吸取不同体积，转移到另外几个 50 mL 容量瓶中并稀释至刻度，摇匀，待测其吸光度。

②测定染料吸收光谱曲线。

在已配制的染液中，取任一浓度的染液，注入比色皿，在分光光度计上测定 400~700 nm 波长处的一系列相应吸光度。以波长为横坐标，以吸光度为纵坐标，绘制其光谱吸收曲线。为使曲线准确可靠，可在其波峰转折处附近多测几个点，并在吸收光谱曲线上找出最大吸收波长 λ_{max}，如图 4–1 所示。

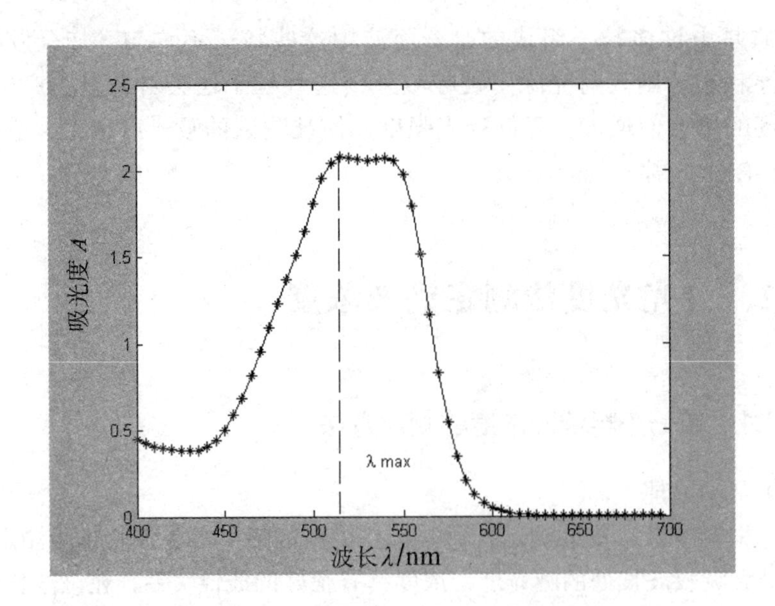

图 5-1　活性染料 3BS0.15 g/L 的吸收光谱曲线

③测定染料在最大波长处的吸收系数。

在最大吸收波长 λ_{max} 处，染液浓度与吸光度的关系如图 5-2 所示。当染料的最大吸收波长 λ_{max} 确定后，在最大吸收波长处分别测定上述配制好的各组已知浓度 c 染液的吸光度 $A(\lambda_{max})$，然后应用最小二乘法估计 Lambert–Beer 定律中的吸收系数 ε 值。

Lambert–Beer 定律为

$$A\left(\lambda_{max}\right)=\varepsilon\left(\lambda_{max}\right)bc \tag{5-6}$$

公式（5-6）中，b=1 cm，则最小二乘法估计 ε 值为

$$\boldsymbol{\varepsilon}\left(\lambda_{max}\right)=\left(\boldsymbol{C}^{T}\cdot\boldsymbol{C}\right)^{-1}\cdot\boldsymbol{C}^{T}\cdot\boldsymbol{A}\left(\lambda_{max}\right) \tag{5-7}$$

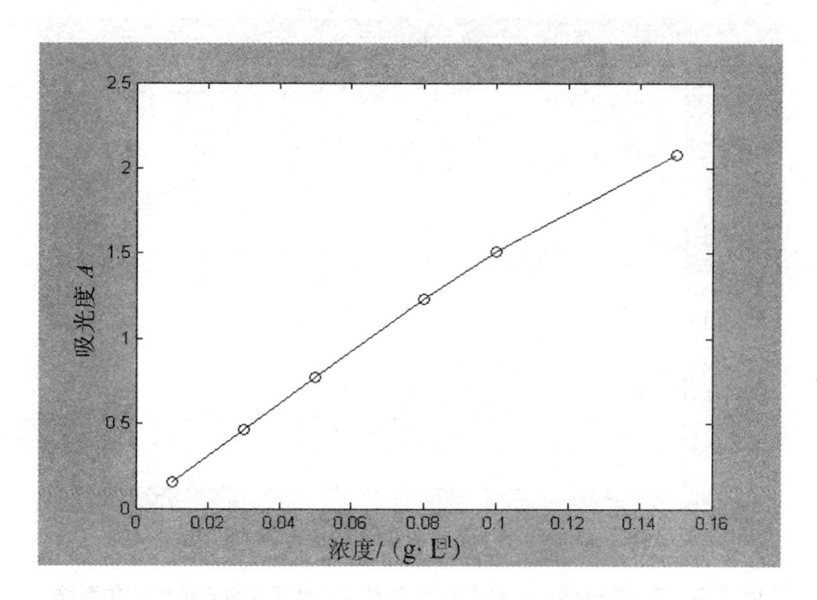

图 5-2　活性染料 3BS 在最大吸收波长处吸光度与浓度的关系图

④测定未知浓度的染液。

在测定同一染料的未知浓度染液时，以其最大吸收波长 λ_{max} 处测得的吸光度 A，并同吸收系数 $\varepsilon(\lambda_{max})$ 值一起代入公式 (5-8) 求出染液浓度 c。

$$c=\frac{A}{\varepsilon b} \tag{5-8}$$

（3）局限性

染液浓度应选择在适宜的浓度范围内以保证染液浓度与吸光度遵循 Lambert-Beer 定律，即浓度与吸光度呈线性关系。否则，当染液浓度太大时，因为染料分子发生缔合、水解以及聚集等化学反应，影响对光的吸收，导致染液浓度与吸光度的关系偏离 Lambert-Beer 定律，如图 5-3 所示。

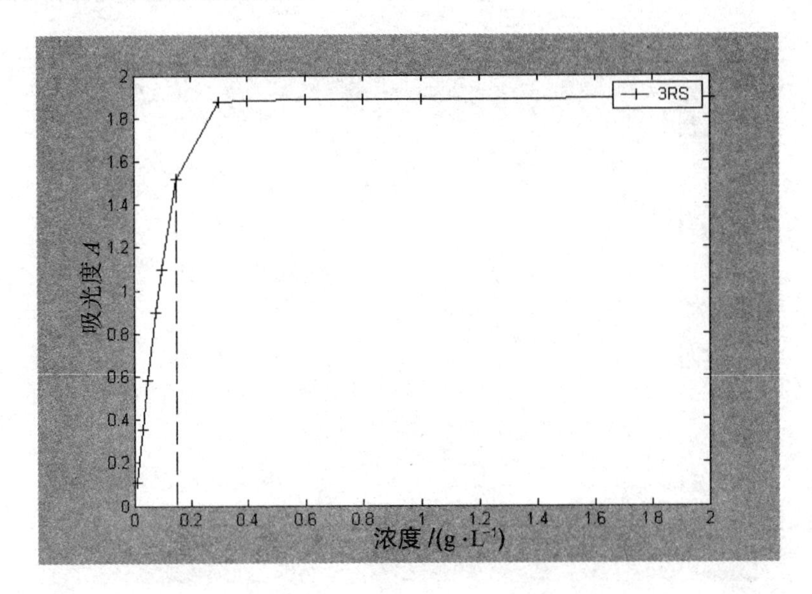

图 5-3　活性染料 RR- 红在最大吸收波长处吸光度与浓度的关系图

5.2.2　混合染液浓度的测定方法

（1）基本原理

对于混合染液浓度，当染料之间没有相互作用时，可根据吸光度的加和性原理测定混合染液中各染料浓度。设混合染液中含有 n 种染料 X_1，X_2，…，X_n，其浓度分别为 c_1，c_2，…，c_n。在各染料的最大吸收波长处 $\lambda_{1\max}$，$\lambda_{2\max}$，…，$\lambda_{n\max}$ 处，混合染液的吸光度分别为 A_1，A_2，…，A_n。根据多组分体系中吸光度的加和性，可得：

$$
\begin{aligned}
&A_1=\varepsilon_{11}bc_1+\varepsilon_{12}bc_2+\cdots+\varepsilon_{1n}bc_n\left(\text{在}\lambda_{1\max}\right)\\
&A_2=\varepsilon_{21}bc_1+\varepsilon_{22}bc_2+\cdots+\varepsilon_{2n}bc_n\left(\text{在}\lambda_{2\max}\right)\\
&\vdots\\
&A_n=\varepsilon_{n1}bc_1+\varepsilon_{n2}bc_2+\cdots+\varepsilon_{nn}bc_n\left(\text{在}\lambda_{n\max}\right)
\end{aligned}
\tag{5-9}
$$

公式（5-9）中，b 为比色皿厚度，一般 b=1 cm；

ε_{11}，ε_{12}，…，ε_{1n} 为各染料在 $\lambda_{1\max}$ 处的吸收系数；

ε_{21}，ε_{22}，…，ε_{2n} 为各染料在 $\lambda_{2\max}$ 处的吸收系数；

…

ε_{n1}，ε_{n2}，…，ε_{nn} 为各染料在 $\lambda_{n\max}$ 处的吸收系数。

（2）步骤

①测定各染料吸收光谱曲线。

按照上述单一染料浓度的测定方法，分别绘制各染料的吸收光谱曲线，并在各自吸收光谱曲线上找出其最大吸收波长，即 $\lambda_{1\max}$，$\lambda_{2\max}$，…，$\lambda_{n\max}$，如图 5-4 所示。

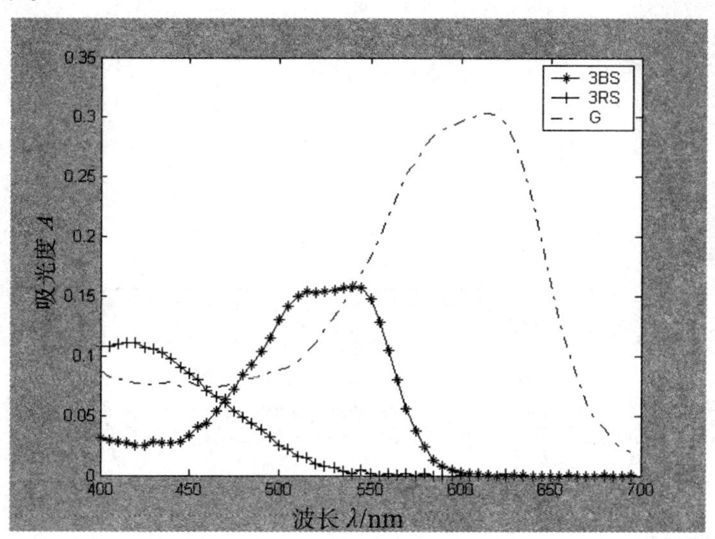

图 5-4　活性染料 3BS、活性染料 3RS、活性染料 G 溶液的吸收光谱图

②测定各染料的吸收系数。

取染料 X_1，X_2，…，X_n 分别配制成已知浓度的标准染液，在 $\lambda_{1\max}$，$\lambda_{2\max}$，…，$\lambda_{n\max}$ 处测定各个染液的吸光度 A_{ij}。根据式 (5-10) 计算出混合染液中各染料在 $\lambda_{1\max}$，$\lambda_{2\max}$，…，$\lambda_{n\max}$ 处的吸光系数 ε_{ij} 值。

$$\varepsilon_{ij}=\frac{A_{ij}}{bc_i} \tag{5-10}$$

在混合染液中各组分染料最大吸收波长处，各单一染料溶液的浓度与吸光度的关系如图 5-5 所示。

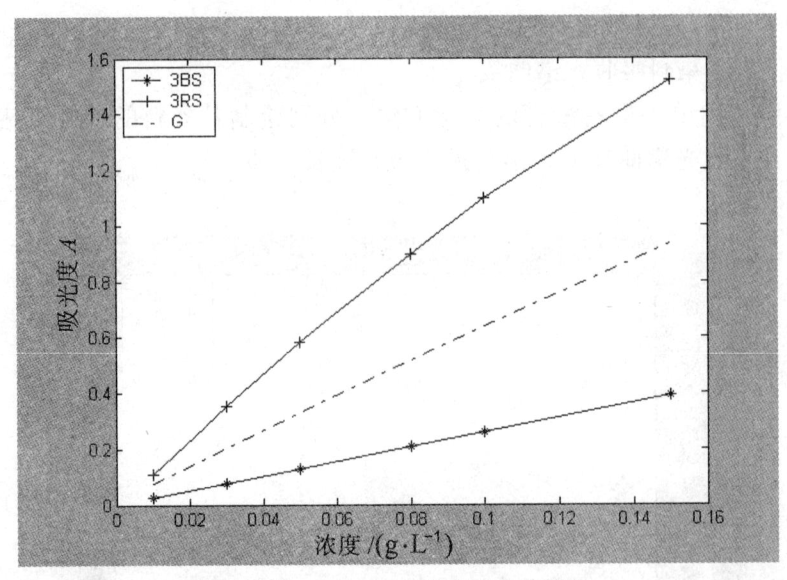

(a) 波长 λ_{1max}=420 nm 处的吸收光谱图

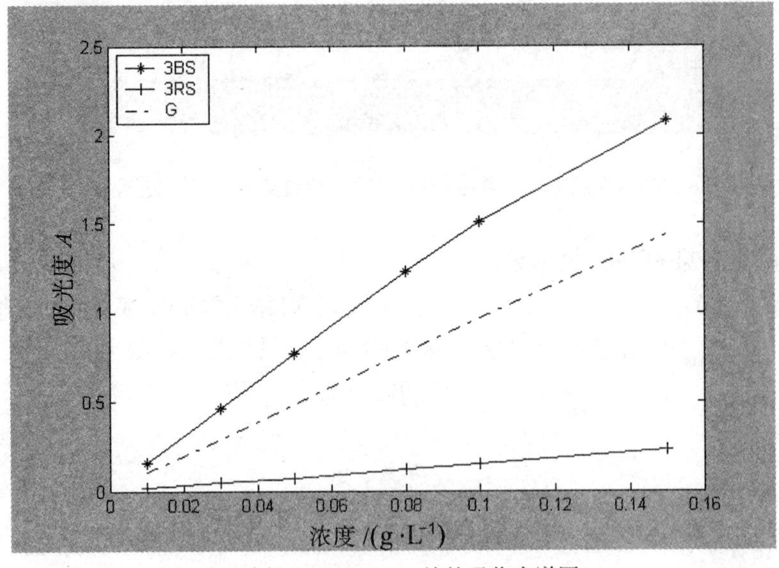

(b) 波长 λ_{2max}=515 nm 处的吸收光谱图

图 5-5　活性染料 3BS、活性染料 3RS、活性染料 G 溶液浓度与吸光度关系图

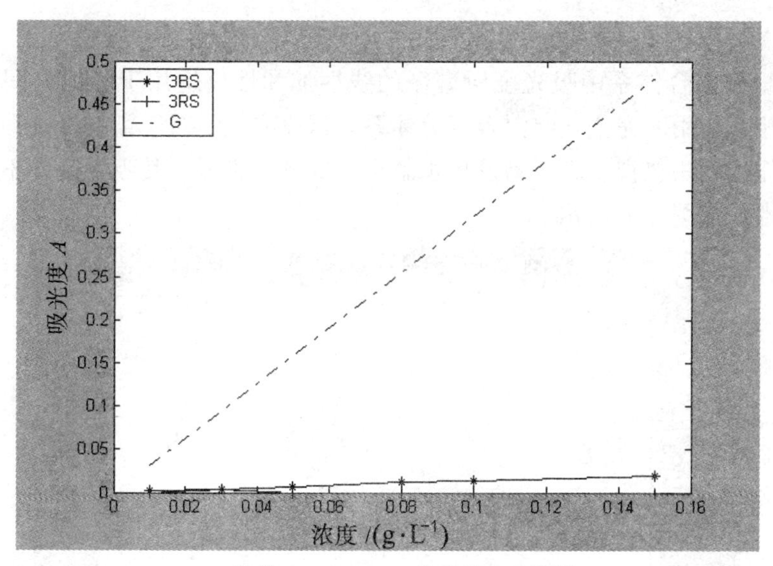

(c) 波长 λ_{3max}=610 nm 处的吸收光谱图

图 5-5　活性染料 3BS、活性染料 3RS、活性染料 G 溶液浓度与吸光度关系图（续）

③ 测定混合染液的吸光度。

测定混合染液在各最大吸收波长 λ_{1max}，λ_{2max}，…，λ_{nmax} 处的吸光度，即 A_1，A_2，…，A_n。

④ 计算混合染液中各染料浓度。

将上述测得的在最大吸收波长 λ_{max} 处的吸光度 A_1，A_2，…，A_n，并与吸收系数 ε_{ij} 值一起代入公式 (5–9) 求出混合染液中各染料浓度。

即

$$\boldsymbol{A}=\boldsymbol{\varepsilon}\cdot\boldsymbol{C} \tag{5-11}$$

则

$$\boldsymbol{C}=\left(\boldsymbol{\varepsilon}^{\mathrm{T}}\cdot\boldsymbol{\varepsilon}\right)^{-1}\cdot\boldsymbol{\varepsilon}^{\mathrm{T}}\cdot\boldsymbol{A} \tag{5-12}$$

公式（5–11）（5–12）中，

$$\boldsymbol{A}=\left[A_1\ A_2\cdots A_n\right]^{\mathrm{T}}$$

$$\boldsymbol{\varepsilon}=\begin{bmatrix}\varepsilon_{11} & \varepsilon_{12}\cdots & \varepsilon_{1n}\\ \varepsilon_{21} & \varepsilon_{22}\cdots & \varepsilon_{2n}\\ \vdots & \vdots & \vdots\\ \varepsilon_{n1} & \varepsilon_{n2}\cdots & \varepsilon_{nn}\end{bmatrix}$$

（3）局限性

多组分混合体系中吸光度所遵循的线性加和性仅适用于各组分间不存在或忽略相互作用的完全独立混合组分体系。但事实上，对于染料极性强、分子间相互作用无法忽视、染料易发生水解反应的混合染液，其吸光度并不遵循线性加和性，如图 5-6 所示。

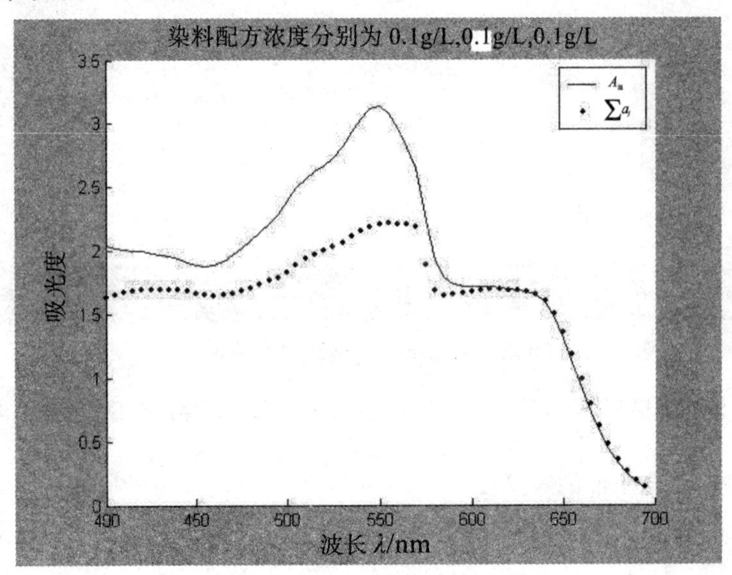

图 5-6　3 种活性染料单组分加和与混合体系的吸收光谱图

在这种情况下，必须考虑研究吸光度与染料组分浓度的非线性关系，并设计相应的测定方法。

对于染液浓度较小，而且满足吸光度加和性以及遵循 Lambert-Beer 定律的多组分混合体系，若其组分的吸收光谱重叠干扰，在不经分离的情况下，同样难以采用经典的分光光度分析方法直接准确测定各组分浓度。同时，仪器方面或溶液方面的因素也会导致测得的吸光度存在一定的测量误差。随着计算机技术的发展和普及，卡尔曼滤波算法可用于解决这类多组分样品的同时测定。

5.3　卡尔曼滤波分光光度法用于多组分分析

目前，用于多组分光度分析的多种化学计量学方法中，倍受推崇和常用的是最小二乘法与因子分析法。本书叙述的卡尔曼滤波方法，系 20 世纪 60 年

代初由卡尔曼等提出的用作线性参数统计估计的一种递推式最佳滤波方法。所谓滤波，即通过对一系列带有噪声（误差）的实际量数据进行处理，滤除干扰或噪声，得到有用的各种状态的估计值。卡尔曼算法不仅对复杂的数据具有很强的解析功能，而且具有适应性广、计算速度快、所需内存少、适于计算机联机与实现分析自动化等特点，使之在许多领域都得到广泛的应用。自 1976 年卡尔曼算法首次用于电化学分析，并于 1979 年用于光度分析测定多组分以来，该方法的应用颇具有成效，并解决了某些实际问题。本书结合有关研究，综合介绍卡尔曼滤波分光光度法。

5.3.1　原理与算法

最优滤波问题简述如下：给出观测序列 $z(0)$, $z(1)$, …, $z(k+1)$，要求找出 $\boldsymbol{x}(k+1)$ 的最优线性估计 $\hat{\boldsymbol{x}}(k+1/k+1)$，使得估计误差 $\tilde{\boldsymbol{x}}(k+1/k+1)=\boldsymbol{x}(k+1)-\hat{\boldsymbol{x}}(k+1/k+1)$ 的方差为最小，并且要求估计是无偏的，即 $E\left[\hat{\boldsymbol{x}}(k+1/k+1)\right]=E\left[\boldsymbol{x}(k+1)\right]$。这里记号“$k+1/k$”表示利用 k 时刻之前的观测值来估计 $k+1$ 时刻的 $\boldsymbol{x}(k+1)$ 值。

1. 离散系统模型

离散系统的状态方程和观测方程分别为

状态方程：

$$\boldsymbol{x}(k+1)=\boldsymbol{\Phi}\left(k+1,k\right)\boldsymbol{x}(k)+\boldsymbol{\Gamma}\left(k+1,k\right)\boldsymbol{w}\left(k\right) \tag{5-13}$$

观测方程：

$$\boldsymbol{z}(k)=\boldsymbol{H}(k)\boldsymbol{x}(k)+\boldsymbol{v}(k) \tag{5-14}$$

公式 (5–13)(5–14) 中，$\boldsymbol{x}(k)$ 为状态向量，$\boldsymbol{\Phi}(k+1,k)$ 为状态转移矩阵，$\boldsymbol{\Gamma}(k+1,k)$ 为激励转移矩阵；$z(k)$ 为观测向量，$\boldsymbol{H}(k)$ 为观测矩阵。其中，$\boldsymbol{w}(k)$ 和 $\boldsymbol{v}(k)$ 均为零均值高斯白噪声，$\boldsymbol{w}(k)$ 和 $\boldsymbol{v}(k)$ 相互独立。在采样间隔内，$\boldsymbol{w}(k)$ 和 $\boldsymbol{v}(k)$ 为常值，其统计特性如式 (5–15) 所示，即

$$\begin{cases} E\left[\boldsymbol{w}\left(k\right)\right]=E\left[\boldsymbol{v}\left(k\right)\right]=0 \\ E\left[\boldsymbol{w}\left(k\right)\boldsymbol{w}^{\mathrm{T}}\left(j\right)\right]=\boldsymbol{Q}_k\delta_{kj} \\ E\left[\boldsymbol{v}\left(k\right)\boldsymbol{v}^{\mathrm{T}}\left(j\right)\right]=\boldsymbol{R}_k\delta_{kj} \\ E\left[\boldsymbol{w}\left(k\right)\boldsymbol{v}^{\mathrm{T}}\left(j\right)\right]=0 \end{cases} \tag{5-15}$$

公式 (5–15) 中，$E[.]$ 是数学期望，δ_{kj} 为克罗尼克 (Kroneker)δ 函数，其特性为

$$\delta_{kj}=\begin{cases}1,k=j\\0,k\neq j\end{cases} \tag{5-16}$$

在光度分析中，符号 k 可表示为波长，由于在吸光度测量过程中各组的浓度不随波长 k 变化，故方程式 (5–13) 中状态矩阵为单位矩阵 $\boldsymbol{I}$，即 $\boldsymbol{\Phi}(k+1,k)=\boldsymbol{I}$，且 $\boldsymbol{w}(k)=0$，$\boldsymbol{Q}_k=0$。观测方程则相当于 Lambert–Beer 定律，故方程式 (5–14) 中 $\boldsymbol{H}(k)$ 为各组分在波长 k 处的吸光系数所构成的矩阵。因此，离散的光度分析系统可表示如下：

状态方程：

$$\boldsymbol{x}(k+1)=\boldsymbol{I}\cdot\boldsymbol{x}(k) \tag{5-17}$$

观测方程：

$$z(k)=\boldsymbol{H}(k)\boldsymbol{x}(k)+\boldsymbol{v}(k) \tag{5-18}$$

公式 (5–17)(5–18) 中，符号 k 为波长；$z(k)$ 表征混合染液在波长 k 处测量的吸光度；$\boldsymbol{x}(k)$ 表征混合染液中染料浓度矩阵；$\boldsymbol{H}(k)$ 为各组分在波长 k 处的吸光系数所构成的矩阵；$\boldsymbol{v}(k)$ 为吸光度的测量噪声。

2. 卡尔曼滤波的递推算法

滤波过程可具体描述：设样品中含 n 种待测染料，可在 $m(m>n)$ 个波长下测量该样品溶液的吸光度 $z(k)(k=1,2,\cdots,m)$。在任一波长 k 处可获各染料的吸光系数构成的矩阵 $\boldsymbol{H}(k)$，且吸光度具有加和性，即

$$z(k)=\boldsymbol{H}(k)\boldsymbol{x}(k)+\boldsymbol{v}(k)$$

假设吸光度的测量噪声 $\boldsymbol{v}(k)$ 为零均值高斯白噪声，则便可经给定的染料浓度矩阵初始估计值 C_0 开始，经 k–1 次递推计算后，得到 $\boldsymbol{x}(k)$ 的一步最优预测估值 $\hat{\boldsymbol{x}}(k/k-1)$ 和观测向量 $z(k)$ 的预测估计值 $\hat{z}(k/k-1)$ 为

$$\hat{z}(k/k-1)=\boldsymbol{H}(k)\hat{\boldsymbol{x}}(k/k-1) \tag{5-19}$$

当获得 $z(k)$ 之后，求得 $z(k)$ 与 $\hat{z}(k/k-1)$ 的误差，即

$$\tilde{z}(k/k-1)=z(k)-\boldsymbol{H}(k)\hat{\boldsymbol{x}}(k/k-1)=\boldsymbol{H}(k)\tilde{\boldsymbol{x}}(k/k-1)+\boldsymbol{v}(k) \tag{5-20}$$

以 $\tilde{z}(k/k-1)$ 去修正 $\hat{\boldsymbol{x}}(k/k-1)$，得到 $\boldsymbol{x}(k)$ 的估计值为

$$\hat{\boldsymbol{x}}(k/k)=\hat{\boldsymbol{x}}(k/k-1)+\boldsymbol{K}(k)\tilde{z}(k/k-1) \tag{5-21}$$

公式（5–21）中，$\boldsymbol{K}(k)$ 为待定的最优增益矩阵。

如此递推运算，在 $\boldsymbol{H}(k)$ 已知情况下由给定的初值 C_0 开始，迭代至第 m 个波长，可得到浓度 C 的最佳线性估计值，即得到染料浓度向量的估计值。

由此可见，卡尔曼滤波算法实际上是根据各待测染料在一系列波长下的吸光系数，用极小均方误差的滤波递推公式，对混合染液在相同系列波长下测得的含噪声的吸光度进行滤波，求出其中所含的各待测染料浓度。即根据前面波长点提供的吸光度数据，按照一定的递推公式不断计算新波长点的状态估计值的过程。卡尔曼滤波用于测定混合染液浓度的计算流程图如图 5-7 所示。

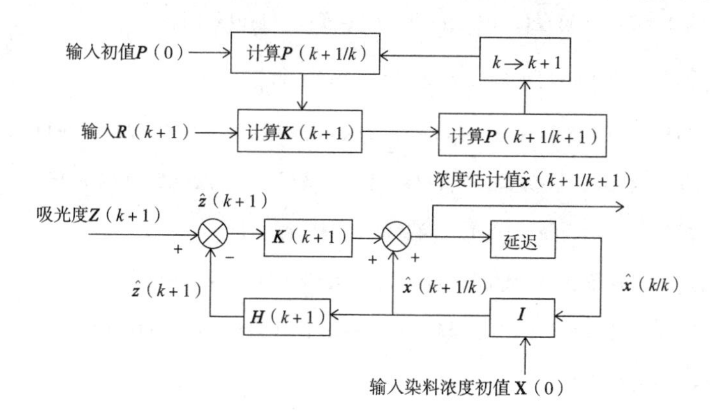

图 5-7　卡尔曼滤波计算流程图

卡尔曼滤波过程就是利用递推公式，对前面 k+1 次吸光度测量值 $z(0)$，$z(1)$，…，$z(k+1)$ 进行计算，得到浓度估计值 $\hat{\boldsymbol{x}}(k+1/k+1)$：

$$\begin{aligned}\hat{\boldsymbol{x}}(k+1/k+1)&=\hat{\boldsymbol{x}}(k+1/k)+\boldsymbol{K}(k+1)[z(k+1)-\boldsymbol{H}(k+1)\hat{\boldsymbol{x}}(k+1/k)]\\&=\hat{\boldsymbol{x}}(k+1/k)+\boldsymbol{K}(k+1)[z(k+1)-\hat{z}(k+1)]\\&=\hat{\boldsymbol{x}}(k+1/k)+\boldsymbol{K}(k+1)\tilde{z}(k+1)\end{aligned}\tag{5-22}$$

公式（5-22）中，$\hat{z}(k+1)$ 为前面第 k 次吸光度测量值 $z(k)$ 对第 k+1 次测量的吸光度预测值，而 $\tilde{z}(k+1)$ 为第 k+1 次测量的新信息；$\boldsymbol{K}(k+1)\tilde{z}(k+1)$ 就是滤波时的校正值。$\boldsymbol{K}(k+1)$ 表示待定的最优滤波增益。

由于 $\hat{\boldsymbol{x}}(k+1/k+1)$ 是 $\boldsymbol{x}(k+1)$ 的最优估计值，估计误差 $\tilde{\boldsymbol{x}}(k+1/k+1)$ 必须正交于 $z(k+1)$，利用这个性质即可求得 $\boldsymbol{K}(k+1)$，即

$$E\left[\tilde{\boldsymbol{x}}\left(k+1/k+1\right)z^{\mathrm{T}}\left(k+1\right)\right]=0\tag{5-23}$$

公式（5-23）中，

$$\begin{aligned}\tilde{\boldsymbol{x}}\left(k+1/k+1\right)&=\boldsymbol{x}\left(k+1\right)-\hat{\boldsymbol{x}}\left(k+1/k+1\right)\\&=\tilde{\boldsymbol{x}}\left(k+1/k\right)-\boldsymbol{K}\left(k+1\right)\left[\boldsymbol{H}\left(k+1\right)\tilde{\boldsymbol{x}}\left(k+1/k\right)+\boldsymbol{v}\left(k+1\right)\right]\end{aligned}$$

$$\begin{aligned}z(k+1)&=\boldsymbol{H}(k+1)\boldsymbol{x}(k+1)+\boldsymbol{v}(k+1)\\&=\boldsymbol{H}(k+1)\left[\hat{\boldsymbol{x}}(k+1/k+1)+\tilde{\boldsymbol{x}}(k+1/k+1)\right]+\boldsymbol{v}(k+1)\end{aligned}$$

则

$$\begin{aligned}&E\left[\tilde{\boldsymbol{x}}(k+1/k+1)z^{\mathrm{T}}(k+1)\right]\\&=E\left\{\left[\tilde{\boldsymbol{x}}(k+1/k)-\boldsymbol{K}(k+1)\boldsymbol{H}(k+1)\tilde{\boldsymbol{x}}(k+1/k)-\boldsymbol{K}(k+1)\boldsymbol{v}(k+1)\right]\right.\\&\quad\left.\cdot\left[\boldsymbol{H}(k+1)\hat{\boldsymbol{x}}(k+1/k)+\boldsymbol{H}(k+1)\tilde{\boldsymbol{x}}(k+1/k)+\boldsymbol{v}(k+1)\right]^{\mathrm{T}}\right\}\\&=E\left[\tilde{\boldsymbol{x}}(k+1/k)\hat{\boldsymbol{x}}^{\mathrm{T}}(k+1/k)\right]\boldsymbol{H}^{\mathrm{T}}(k+1)+E\left[\tilde{\boldsymbol{x}}(k+1/k)\tilde{\boldsymbol{x}}^{\mathrm{T}}(k+1/k)\right]\boldsymbol{H}^{\mathrm{T}}(k+1)\\&\quad+E\left[\tilde{\boldsymbol{x}}(k+1/k)\boldsymbol{v}^{\mathrm{T}}(k+1)\right]-\boldsymbol{K}(k+1)\boldsymbol{H}(k+1)\cdot E\left[\tilde{\boldsymbol{x}}(k+1/k)\hat{\boldsymbol{x}}^{\mathrm{T}}(k+1/k)\right]\boldsymbol{H}^{\mathrm{T}}(k+1)\\&\quad-\boldsymbol{K}(k+1)\boldsymbol{H}(k+1)\cdot E\left[\tilde{\boldsymbol{x}}(k+1/k)\tilde{\boldsymbol{x}}^{\mathrm{T}}(k+1/k)\right]\boldsymbol{H}^{\mathrm{T}}(k+1)\\&\quad-\boldsymbol{K}(k+1)\boldsymbol{H}(k+1)\cdot E\left[\tilde{\boldsymbol{x}}(k+1/k)\boldsymbol{v}^{\mathrm{T}}(k+1)\right]-\boldsymbol{K}(k+1)E\left[\boldsymbol{v}(k+1)\hat{\boldsymbol{x}}^{\mathrm{T}}(k+1/k)\right]\boldsymbol{H}^{\mathrm{T}}(k+1)\\&\quad-\boldsymbol{K}(k+1)E\left[\boldsymbol{v}(k+1)\tilde{\boldsymbol{x}}^{\mathrm{T}}(k+1/k)\right]\boldsymbol{H}^{\mathrm{T}}(k+1)-\boldsymbol{K}(k+1)E\left[\boldsymbol{v}(k+1)\boldsymbol{v}^{\mathrm{T}}(k+1)\right]\end{aligned}\tag{5-24}$$

由于 $\tilde{\boldsymbol{x}}(k+1/k)$ 、$\hat{\boldsymbol{x}}(k+1/k)$ 以及 $\boldsymbol{v}(k+1)$ 两两正交，即

$$E\left[\tilde{\boldsymbol{x}}(k+1/k)\boldsymbol{v}^{\mathrm{T}}(k+1)\right]=0$$

$$E\left[\hat{\boldsymbol{x}}(k+1/k)\boldsymbol{v}^{\mathrm{T}}(k+1)\right]=0$$

$$E\left[\tilde{\boldsymbol{x}}(k+1/k)\hat{\boldsymbol{x}}^{\mathrm{T}}(k+1/k)\right]=0$$

则式 (5–24) 可简化为

$$\begin{aligned}&E\left[\tilde{\boldsymbol{x}}(k+1/k+1)z^{\mathrm{T}}(k+1)\right]=E\left[\tilde{\boldsymbol{x}}(k+1/k)\tilde{\boldsymbol{x}}^{\mathrm{T}}(k+1/k)\right]\boldsymbol{H}^{\mathrm{T}}(k+1)\\&\quad-\boldsymbol{K}(k+1)\boldsymbol{H}(k+1)\cdot E\left[\tilde{\boldsymbol{x}}(k+1/k)\tilde{\boldsymbol{x}}^{\mathrm{T}}(k+1/k)\right]\boldsymbol{H}^{\mathrm{T}}(k+1)-\boldsymbol{K}(k+1)E\left[\boldsymbol{v}(k+1)\boldsymbol{v}^{\mathrm{T}}(k+1)\right]\\&=\boldsymbol{P}(k+1/k)\boldsymbol{H}^{\mathrm{T}}(k+1)-\boldsymbol{K}(k+1)\boldsymbol{H}(k+1)\boldsymbol{P}(k+1/k)\boldsymbol{H}^{\mathrm{T}}(k+1)-\boldsymbol{K}(k+1)\boldsymbol{R}(k+1)\\&=0\end{aligned}\tag{5-25}$$

由式 (5–25) 可得

$$\boldsymbol{K}(k+1)=\boldsymbol{P}(k+1/k)\boldsymbol{H}^{\mathrm{T}}(k+1)[\boldsymbol{H}(k+1)\boldsymbol{P}(k+1/k)\boldsymbol{H}^{\mathrm{T}}(k+1)+\boldsymbol{R}(k+1)]^{-1}\tag{5-26}$$

公式 (5–26) 中，$R(k+1)$ 表示测量噪声 $\boldsymbol{v}(k+1)$ 的方差；$\boldsymbol{P}(k+1/k)$ 表示单步预测误差协方差矩阵，即

$$\boldsymbol{P}(k+1/k)=E[\tilde{\boldsymbol{x}}(k+1/k)\tilde{\boldsymbol{x}}^{\mathrm{T}}(k+1/k)]\tag{5-27}$$

公式（5–27）中，

$$\tilde{\boldsymbol{x}}(k+1/k)=\boldsymbol{x}(k+1)-\hat{\boldsymbol{x}}(k+1/k)=\boldsymbol{I}\cdot\boldsymbol{x}(k)-\boldsymbol{I}\cdot\hat{\boldsymbol{x}}(k/k)$$
$$=\boldsymbol{x}(k)-\hat{\boldsymbol{x}}(k/k)=\tilde{\boldsymbol{x}}(k/k)$$

则

$$\boldsymbol{P}(k+1/k)=E[\tilde{\boldsymbol{x}}(k/k)\tilde{\boldsymbol{x}}^{\mathrm{T}}(k/k)]=\boldsymbol{P}(k/k) \tag{5-28}$$

而滤波误差的协方差矩阵 $\boldsymbol{P}(k+1/k+1)$ 可按照估计误差方差的定义推导获得

$$\begin{aligned}
&\boldsymbol{P}(k+1/k+1)=E\left[\tilde{\boldsymbol{x}}(k+1/k+1)\tilde{\boldsymbol{x}}^{\mathrm{T}}(k+1/k+1)\right]\\
&=E\left\{\left[\tilde{\boldsymbol{x}}(k+1/k)-\boldsymbol{K}(k+1)\boldsymbol{H}(k+1)\tilde{\boldsymbol{x}}(k+1/k)-\boldsymbol{K}(k+1)\boldsymbol{v}(k+1)\right]\right.\\
&\quad\left.\cdot\left[\tilde{\boldsymbol{x}}(k+1/k)-\boldsymbol{K}(k+1)\boldsymbol{H}(k+1)\tilde{\boldsymbol{x}}(k+1/k)-\boldsymbol{K}(k+1)\boldsymbol{v}(k+1)\right]^{\mathrm{T}}\right\}\\
&=E\left[\tilde{\boldsymbol{x}}(k+1/k)\tilde{\boldsymbol{x}}^{\mathrm{T}}(k+1/k)\right]-E\left[\tilde{\boldsymbol{x}}(k+1/k)\tilde{\boldsymbol{x}}^{\mathrm{T}}(k+1/k)\right]\boldsymbol{H}^{\mathrm{T}}(k+1)\boldsymbol{K}^{\mathrm{T}}(k+1)\\
&\quad-\boldsymbol{K}(k+1)\boldsymbol{H}(k+1)\cdot E\left[\tilde{\boldsymbol{x}}(k+1/k)\tilde{\boldsymbol{x}}^{\mathrm{T}}(k+1/k)\right]\\
&\quad+\boldsymbol{K}(k+1)\boldsymbol{H}(k+1)\cdot E\left[\tilde{\boldsymbol{x}}(k+1/k)\tilde{\boldsymbol{x}}^{\mathrm{T}}(k+1/k)\right]\boldsymbol{H}^{\mathrm{T}}(k+1)\boldsymbol{K}^{\mathrm{T}}(k+1)\\
&\quad+\boldsymbol{K}(k+1)E\left[\boldsymbol{v}(k+1)\boldsymbol{v}^{\mathrm{T}}(k+1)\right]\boldsymbol{K}^{\mathrm{T}}(k+1)\\
&=\boldsymbol{P}(k+1/k)-\boldsymbol{P}(k+1/k)\boldsymbol{H}^{\mathrm{T}}(k+1)\boldsymbol{K}^{\mathrm{T}}(k+1)-\boldsymbol{K}(k+1)\boldsymbol{H}(k+1)\boldsymbol{P}(k+1/k)\\
&\quad+\boldsymbol{K}(k+1)\boldsymbol{H}(k+1)\boldsymbol{P}(k+1/k)\boldsymbol{H}^{\mathrm{T}}(k+1)\boldsymbol{K}^{\mathrm{T}}(k+1)+\boldsymbol{K}(k+1)\boldsymbol{P}(k+1/k)\boldsymbol{K}^{\mathrm{T}}(k+1)\\
&=[\boldsymbol{I}-\boldsymbol{K}(k+1)\boldsymbol{H}(k+1)]\boldsymbol{P}(k+1/k)[\boldsymbol{I}-\boldsymbol{K}(k+1)\boldsymbol{H}(k+1)]^{\mathrm{T}}+\boldsymbol{K}(k+1)\boldsymbol{R}(k+1)\boldsymbol{K}^{\mathrm{T}}(k+1)
\end{aligned} \tag{5-29}$$

上述公式构成一个卡尔曼滤波器。用各待测组分的单一溶液求出波长 k 处的吸光系数向量并给定滤波初值 $\boldsymbol{x}(0)$，$\boldsymbol{P}(0)$ 及 $R(0)$ 后，滤波便可进行。

卡尔曼滤波分光光度法能正常进行并达到最优的必要条件有：①假定吸光度测量噪声为零均值高斯白噪声；②在吸光度测量过程中各组分浓度保持不变。

5.3.2　应用

卡尔曼滤波用于实现混合染液中活性染料 RR- 红、活性染料 RR- 黄、活性染料 RR- 蓝 3 组分的浓度测定过程：首先，通过单一染料浓度测定实验方法确定 3 种染料在各自最大波长处的吸光系数 $\boldsymbol{H}(k)$；然后，正确选取染料浓度 $\boldsymbol{x}(k/k)$、滤波误差方差 $\boldsymbol{P}(k/k)$ 和噪声方差 $R(k)$ 的初值；最后，利用卡尔曼滤波递推公式，根据混合染液在这 3 个最大吸收波长处的吸光度测量值 $\boldsymbol{z}(k)$ 进行计算，来估计混合染液中活性染料 RR- 红、活性染料 RR- 黄、活性染料 RR- 蓝 3 组分的浓度 $\boldsymbol{x}(k)$。

（1）实验部分

①主要仪器和化学品。

X752A 型分光光度计 (SDLATLAX 公司)；DOSORAMA 自动配液滴料系统 (TECNORAMA 公司)。

活性染料 RR- 红、活性染料 RR- 黄、活性染料 RR- 蓝 [德司达（南京）染料有限公司]。

元明粉 (四川省川眉芒硝有限公司)、纯碱 (山东海化股份有限公司)。

② 步骤。

A. 测定活性染料 RR- 红、活性染料 RR- 黄、活性染料 RR- 蓝的吸收光谱曲线。

使用 DOSORAMA 自动配液滴料系统分别对活性染料 RR- 红、活性染料 RR- 黄、活性染料 RR- 蓝进行取液，配制成浓度均为 0.02 g/L 的染液分别注入 3 个配液瓶中，摇匀，将配液瓶中染液注入比色皿，分别在 X725A 型分光光度计上测定 420 ～ 700 nm 波长处的一系列相应吸光度，确定最大吸收波长 λ_{max}。

B. 测定吸光系数。

使用 DOSORAMA 自动配液滴料系统分别对活性染料 RR- 红、活性染料 RR- 黄、活性染料 RR- 蓝进行取液，将每种染料配制成一定浓度，分别在 X725A 型分光光度计上测定其在最大吸收波长 λ_{max1}、λ_{max2} 和 λ_{max3} 处的吸光度。

C. 测定混合染液的吸光度。

将活性染料 RR- 红、活性染料 RR- 黄、活性染料 RR- 蓝进行拼色，注入适量助剂，使用 DOSORAMA 自动配液滴料系统进行配液，在 X725A 型分光光度计上测定各个混合染液在最大吸收波长 λ_{max1}、λ_{max2} 和 λ_{max3} 处的吸光度。

（2）结果与讨论

①最大吸收波长处的选取。

按照实验方法绘制活性染料 RR- 红、活性染料 RR- 黄、活性染料 RR- 蓝的吸收光谱曲线，并测定其相应的最大吸收波长分别为 510 nm、415 nm 和 610 nm。在混合染液中活性染料 RR- 红、活性染料 RR- 黄、活性染料 RR- 蓝的吸收光谱出现重叠现象，因此不能直接进行定量分析。

②单组分线性关系的浓度范围。

按实验方法分别配制一系列活性染料 RR- 红、活性染料 RR- 黄、活性染

料 RR- 蓝的单组分染液，分别在波长 415 nm、510 nm 和 610 nm 处测量吸光度值，如图 5-8 所示。

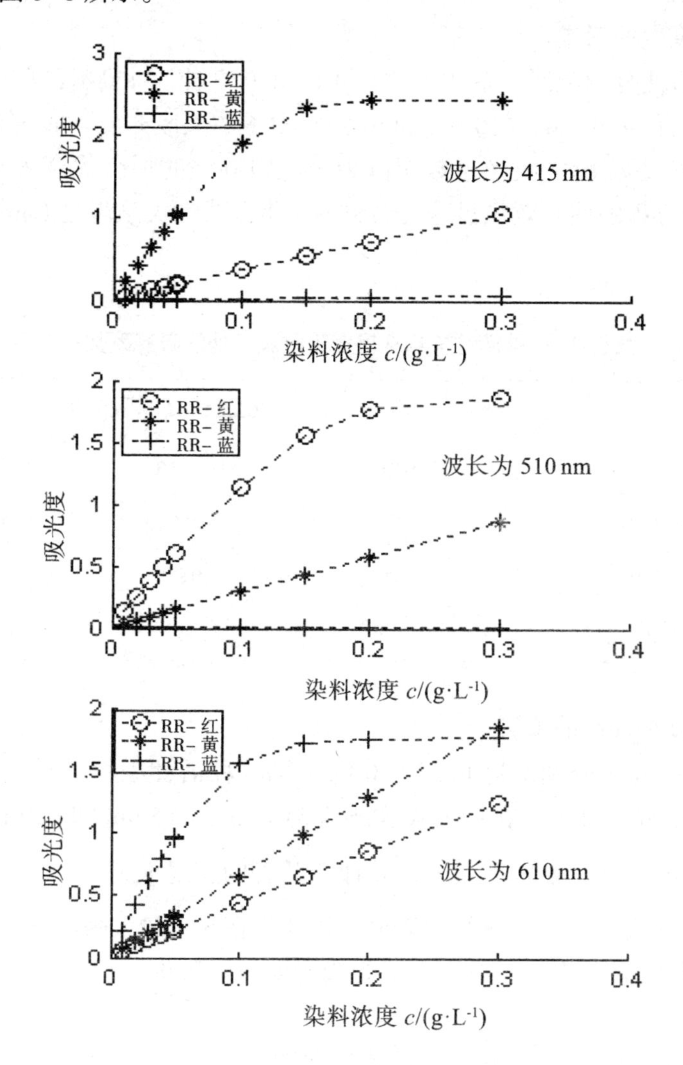

图 5-8　在最大波长 415 nm、510 nm、610 nm 处染料浓度与吸光度的关系图

从图 5-8 可以看出，3 种活性染料同时满足在最大波长 415 nm、510 nm、610 nm 处的单组分线性关系的浓度范围为 0.01 ～ 0.1 g/L。只有在这个浓度范围内，光度体系才能满足吸光度的加和性。当染料浓度大于 0.1 g/L 时，染料浓度与吸光度的关系开始偏离直线，呈非线性关系，主要原因是，随着染液浓度的增大，染液中吸光粒子之间的相互作用加剧，发生如离解、凝聚、缔合、

水解等化学变化，引起吸光物质浓度的改变，从而影响物质对光的吸收，导致偏离线性关系。

③吸光系数的确定。

按实验方法分别配制一系列 0.01 ～ 0.1 g/L 的 3 种活性染料的单组分染液，在最大吸收波长 415 nm、510 nm 和 610 nm 处测得其吸光度，如表 5-1 所示。运用回归分析方法确定吸光系数矩阵 $\boldsymbol{H}$，回归方程的拟合优度 R^2 均接近于 1，表明回归方程的回归效果显著，染料的单组分线性关系满足 Lambert-Beer 定律。

表5-1　3种活性染料在最大吸收波长处的吸光系数

	最大吸收波长处的吸光度		
	415 nm	510 nm	610 nm
活性染料 RR- 红	4.03	11.91	4.65
活性染料 RR- 黄	20.81	2.94	6.79
活性染料 RR- 蓝	0.20	0.05	19.02

④吸光度加和性的检验。

按照实验方法分别配制 0.01 ～ 0.1 g/L 的 3 种活性染料的单组分染液及其相同浓度的混合染液，在最大吸收波长 510 nm、415 nm 和 610 nm 处测定单组分染液和混合染液的吸光度，并计算两者的相对误差 PE(%)=(A_n- $\sum_i A$)/A_n × 100%，如表 5-2 所示。结果表明，该体系在 3 个最大吸收波长处的加和性均较好，相对误差均小于 10%，满足吸光度的加和性。

表5-2　吸光度加和性验证

组	染料浓度 /(g·L^{-1})			波长 415 nm			波长 510 nm			波长 610 nm		
	RR-红	RR-黄	RR-蓝	A_n	$\sum_i A$	PE (%)	A_n	$\sum_i A$	PE(%)	A_n	$\sum_i A$	PE(%)
1	0.01	0.02	0.03	0.421	0.440	4.32	0.477	0.482	1.04	0.596	0.615	3.09
2	0.02	0.03	0.04	0.613	0.646	5.11	0.782	0.786	0.51	0.781	0.804	2.86

续　表

组	染料浓度 /(g·L⁻¹)			波长 415 nm			波长 510 nm			波长 610 nm		
	RR-红	RR-黄	RR-蓝	A_n	$\sum A$	PE(%)	A_n	$\sum A$	PE(%)	A_n	$\sum A$	PE(%)
3	0.03	0.04	0.05	0.807	0.855	5.61	1.081	1.101	1.82	0.955	0.982	2.75
4	0.04	0.05	0.01	0.791	0.821	3.65	1.004	1.060	5.28	0.212	0.224	5.36
5	0.05	0.01	0.02	0.396	0.439	9.79	1.165	1.218	4.35	0.409	0.429	4.66

⑤卡尔曼滤波效果。

取不同量的活性染料 RR- 红、活性染料 RR- 黄、活性染料 RR- 蓝配制混合染液，然后用分光光度法和卡尔曼滤波方法分别测定它们的浓度，并进行误差分析。定义均方误差为：

$$\mathrm{MSE}=\sum_{i=1}^{n}\frac{(Y_i-\hat{Y}_i)^2}{n}$$

式中，Y 为实配值，$\hat{Y}$ 为测定值，i 为样本数。

均方误差 MSE 可以更好地观察不同方法误差的细微差别，主要因为 MSE 放大了误差，使得它对误差的微小变动更敏感，能够较好地反映测定值与实配值之间的真实离差，结果如表 5-3 和表 5-4 所示。

表5-3　不同助剂量,同一配方浓度为0.05 g/L , 0.05 g/L ,0.05 g/L时测定结果对比

助剂量 /(g·L⁻¹)		分光光度法 /(g·L⁻¹)			卡尔曼滤波法 /(g·L⁻¹)		
元明粉	纯碱	RR- 红	RR- 黄	RR- 蓝	RR- 红	RR- 黄	RR- 蓝
10	1.0	0.038	0.047	0.054	0.046	0.050	0.054
20	1.2	0.038	0.047	0.055	0.045	0.049	0.054
40	1.5	0.038	0.046	0.055	0.045	0.049	0.055
50	1.5	0.038	0.047	0.055	0.045	0.049	0.055
60	2.0	0.037	0.047	0.056	0.044	0.049	0.056
MSE($\times 10^{-5}$)		14.22	0.79	3.12	1.974	0.016	3.007

表5-4　不同配方,同一助剂量（浓度为纯碱为1.0 g/L,元明粉为10 g/L）时测定结果对比

配方 /(g·L^{-1})	分光光度法 /(g·L^{-1})			卡尔曼滤波法 /(g·L^{-1})		
	RR- 红	RR- 黄	RR- 蓝	RR- 红	RR- 黄	RR- 蓝
0.01，0.01，0.01	0.008	0.012	0.013	0.009	0.013	0.012
0.02，0.02，0.02	0.016	0.022	0.024	0.019	0.023	0.024
0.03，0.03，0.03	0.023	0.031	0.035	0.028	0.033	0.035
0.04，0.04，0.04	0.031	0.039	0.045	0.037	0.041	0.045
0.05，0.05，0.05	0.039	0.048	0.054	0.047	0.051	0.054
MSE($\times 10^{-5}$)	5.269	0.287	1.999	0.54	0.634	1.957

从表 5-3 和表 5-4 可以看出，卡尔曼滤波算法由于考虑了测量误差，其结果明显优于传统分光光度法。因此，利用卡尔曼滤波算法对活性染料混合染料浓度进行测定是可行的。

（3）结论

①本书将卡尔曼滤波方法应用于活性染料混合染液浓度的测定，并准确地测定了混合染液中活性染料 RR- 红、活性染料 RR- 黄、活性染料 RR- 蓝的浓度，其测定结果优于传统的分光光度法，是一种适用于多组分体系光度分析的有效的滤波方法。

②当单色光射入染液时，只有在染液浓度很小且忽略粒子间相互作用的条件下，吸光度与染液浓度的关系才满足 Lambert–Beer 定律，而当染液浓度太大时，由于发生如离解、凝聚、缔合、水解等化学变化，从而影响了物质对光的吸收，导致吸光度与染液浓度的关系偏离 Lambert–Beer 定律，同时无法遵循吸光度的加和性。因此，当混合染液浓度较大时光度体系呈非线性关系，卡尔曼滤波方法和分光光度法都不适用，想准确地测定浓度是很困难的，应该寻求更好的方法。

③对于混合染液浓度测定的非线性问题，应当寻求能够反映实际系统并解决非线性滤波问题的算法，如扩展卡尔曼滤波、粒子滤波等。

5.4　非线性滤波理论在多组分分析中的应用

分光光度法作为同时测定多组分分析方法已经有着广泛地应用，其依据是吸光度的线性 Lambert–Beer 定律。同时，Kalman 滤波方法也只适用于线性系统，并且要求观测方程必须是线性的。但事实上，多组分混合体系其吸光度的线性加和性仅限于彼此不存在相互作用的完全独立组分才成立。因此，对于染料极性强、分子间相互作用无法忽视，染料易发生水解反应的混合染液，必须研究吸光度与染料组分浓度的非线性模型和相应的滤波算法。本研究主要研究最常见的非线性滤波算法，即扩展卡尔曼滤波算法。

5.4.1　吸光度加和性分析

以活性染料混合染液为例，配制一系列浓度梯度的活性染料 3BS、活性染料 3RS 和活性染料 G 的单一活性染料溶液以及由它们混合而成的混合染液，观察各单一染料溶液的吸光度与混合染液吸光度的关系，研究吸光度的加和性，其结果如图 5–9 所示。

图 5–9(a) 显示，当波长大于 650 nm 时，活性染料 3BS 溶液的吸光度几乎为零。此外，当波长处在 500~550 nm 范围内时，染液浓度越高，其光谱重叠得越严重。这意味着，当浓度超过 0.3%，该溶液的吸光度将呈现饱和状态。图 5–9(b) 显示，当波长大于 600 nm 时，活性染料 3RS 溶液的吸光度几乎为零。而且，当波长处在 400~450 nm 范围内时，染液的光谱出现重叠。同时，图 5–9(c) 显示，活性染料 G 染液在波段为 520~580 nm 内出现光谱重叠。从以上 3 种染料光谱图分析可以看出，波长处在 650~700 nm 的吸光度几乎来自活性染料 G 染液的吸光度。3 种活性染料的吸收光谱图如图 5–10 所示。

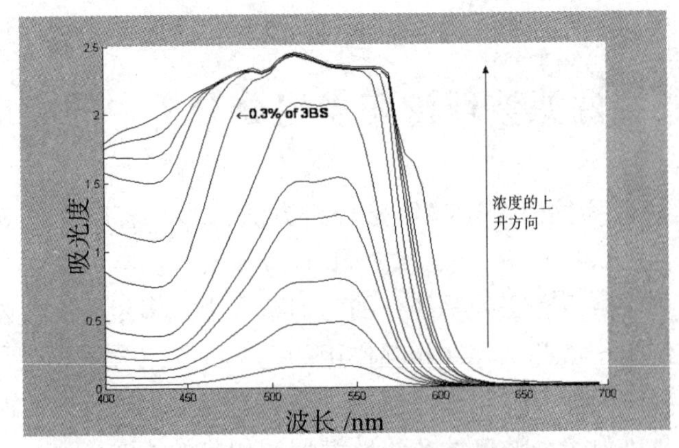

(a) 活性染料 3BS 溶液的吸光度特性

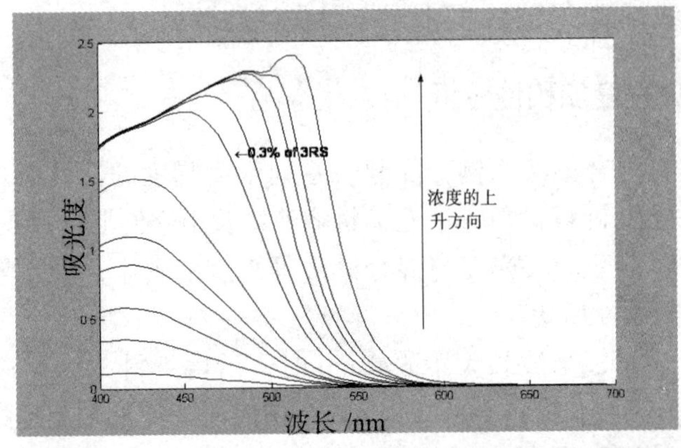

(b) 活性染料 3RS 溶液的吸光度特性

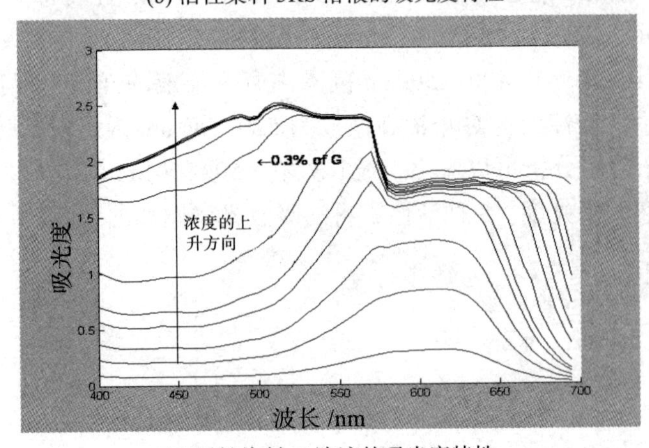

(c) 活性染料 G 溶液的吸光度特性

图 5-9　3 种活性染料在不同浓度梯度下吸光度特性

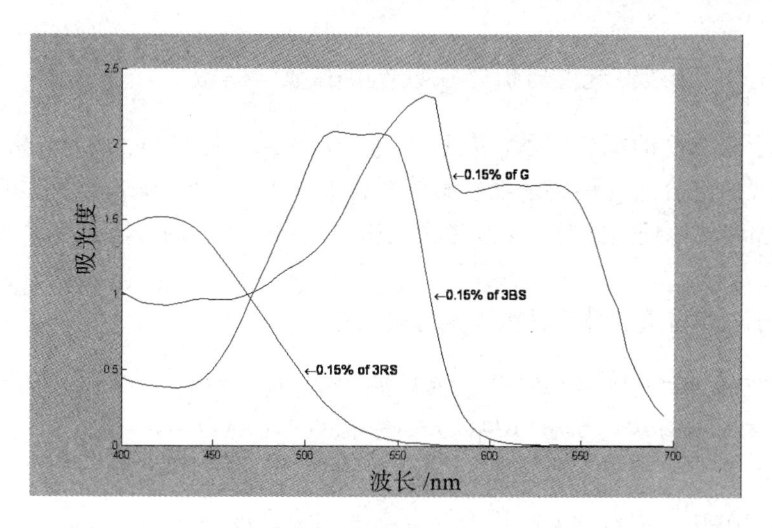

图 5-10　3 种活性染料的吸收光谱图

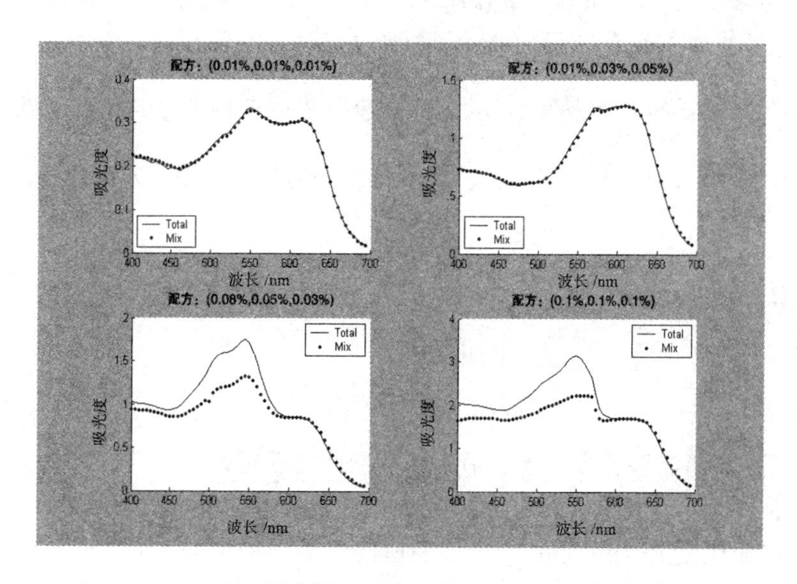

图 5-11　3 种活性染料组成的不同配方下吸光度加和性分析

图 5-11 显示，当 3 种活性染料混合染液的浓度越高时，其吸光度偏离线性加和性的程度越严重。同时可以看出，当混合染液总浓度超过 0.1％时，偏差开始出现。其原因是，高浓度的活性染料溶液容易发生水解反应及染料之间的相互作用相对明显。因此，在建立吸光度的数学模型时需要考虑这些因素。

5.4.2 非线性光度分析体系吸光度的数学模型

对于高浓度的混合体系，尤其是对于极性强、易水解、粒子间相互作用无法忽视的混合活性染料溶液，其体系将偏离 Lambert-beer 定律，其吸光度不遵循加和性原理。此时，必须考虑适用非线性吸光度的分析方法对该体系进行研究。

对于三组分混合体系其吸光度可表示为

$$A(k)=a_0(k)+a_1(k)c_1+a_2(k)c_2+a_3(k)c_3+a_4(k)\sqrt{c_1}+a_5(k)\sqrt{c_2}+a_6(k)\sqrt{c_3}+a_7(k)\sqrt{c_1c_2}+a_8(k)\sqrt{c_1c_3}+a_9(k)\sqrt{c_2c_3}+a_{10}(k)\sqrt{c_1c_2c_3} \tag{5-30}$$

公式 (5-30) 中，$A(k)$ 为 k 波长下混合染液的吸光度；c_1、c_2、c_3 分别为 3 种待测染料的浓度；$a_0(k)$，$a_1(k)$，$a_2(k)$，…，$a_{10}(k)$ 均为待求系数，可根据实验数据通过最小二乘法估计获得。该式子包括 4 部分，其物理意义分别如下：

$a_1(k)c_1+a_2(k)c_2+a_3(k)c_3$ 表示混合染液中 3 种染料各自的吸光度贡献；

$a_4(k)\sqrt{c_1}+a_5(k)\sqrt{c_2}+a_6(k)\sqrt{c_3}$ 表示各组分染料自身发生水解反应的吸光度贡献；

$a_7(k)\sqrt{c_1c_2}+a_8(k)\sqrt{c_1c_3}+a_9(k)\sqrt{c_2c_3}$ 表示染料之间两两交互作用的吸光度贡献；

$a_{10}(k)\sqrt{c_1c_2c_3}$ 表示 3 种染料相互作用的吸光度贡献。

根据 120 组实验数据，通过最小二乘回归法获得模型参数，即 $\{a_0(k),a_1(k),a_2(k),\cdots,a_{10}(k)\}(k=1,2,3,\cdots,60)$，并得到相应的检验统计量（附录 4）。其中，所有的拟合优度 R^2 均大于 0.98，表明所建的混合染液的吸光度非线性模型是有效合理的。同时，从残差图（图 5-12）可以看出，数据的残差离零点均较近，且残差的置信区间均包含零点，这说明回归模型能较好地符合实验值。

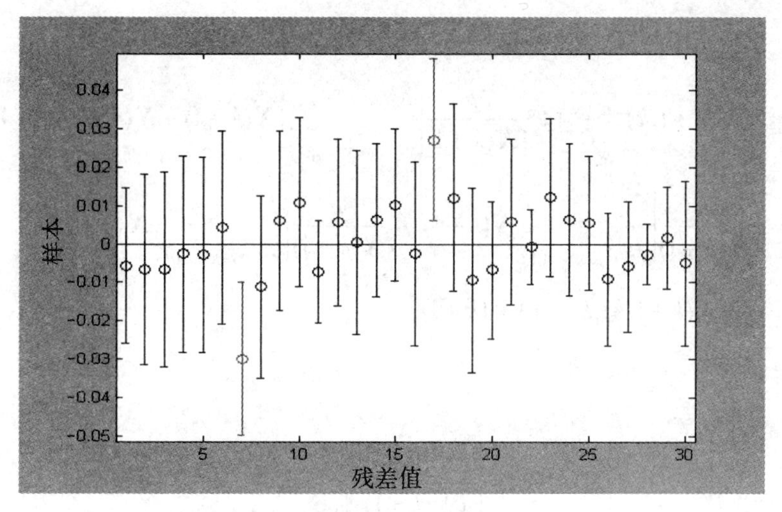

图 5-12　残差图

5.4.3　扩展卡尔曼滤波算法

EKF 算法是一种应用最广泛的非线性系统滤波方法，它根据观测值来估计系统状态，以减少测量噪声的影响。

（1）原理与算法

离散非线性光度系统写成如下形式。

$$\boldsymbol{X}(k+1)=f[\boldsymbol{X}(k),k]+\boldsymbol{W}(k) \tag{5-31}$$

$$\boldsymbol{Z}(k+1)=h\left[\boldsymbol{X}(k+1),k+1\right]+\boldsymbol{V}(k+1) \tag{5-32}$$

其中，$\boldsymbol{X}(k)$ 为系统状态向量；$\boldsymbol{Z}(k)$ 为 k 时刻观测向量；$\boldsymbol{W}(k)$ 为状态方程的模型误差向量；$\boldsymbol{V}(k)$ 为观测噪声向量；f [.] 为状态方程的非线性函数；h[.] 为观测方程的非线性函数。

在光度分析中，符号 k 可表示为波长，由于在吸光度测量过程中各组的浓度不随波长 k 变化，故公式 (5-31) 中状态不变，且 $\boldsymbol{w}(k)=0$ ，$\boldsymbol{Q}_k=0$ 。因此，多组分光度分析体系的状态方程可写为

$$\boldsymbol{X}(k+1)=\boldsymbol{I}\cdot\boldsymbol{X}(k) \tag{5-33}$$

EKF 算法是将非线性函数 h[.] 围绕状态滤波值 $\boldsymbol{X}(k+1,k)$ 进行泰勒展开，并略去二次及以上高阶项后得到非线性系统的线性化模型，即

$$
\begin{aligned}
&\boldsymbol{Z}(k+1) \\
&= h[\boldsymbol{X}(k+1,k),k+1] + \left.\frac{\partial h}{\partial \boldsymbol{X}(k+1)}\right|_{\boldsymbol{X}(k+1)=\boldsymbol{X}(k+1,k)} [\boldsymbol{X}(k+1) - \boldsymbol{X}(k+1,k)] + \boldsymbol{V}(k+1) \\
&= \left.\frac{\partial h}{\partial \boldsymbol{X}(k+1)}\right|_{\boldsymbol{X}(k+1)=\boldsymbol{X}(k+1,k)} \boldsymbol{X}(k+1) - \left.\frac{\partial h}{\partial \boldsymbol{X}(k+1)}\right|_{\boldsymbol{X}(k+1)=\boldsymbol{X}(k+1,k)} \boldsymbol{X}(k+1,k) \\
&\quad + h[\boldsymbol{X}(k+1,k),k+1] + \boldsymbol{V}(k+1)
\end{aligned}
\tag{5-34}
$$

令

$$
H(k+1) = \left.\left(\frac{\partial h}{\partial \boldsymbol{X}(k+1)}\right)\right|_{\boldsymbol{X}(k+1)=\boldsymbol{X}(k+1,k)} \tag{5-35}
$$

$$
\boldsymbol{y}(k+1) = -\left.\frac{\partial h}{\partial \boldsymbol{X}(k+1)}\right|_{\boldsymbol{X}(k+1)=\boldsymbol{X}(k+1,k)} \boldsymbol{X}(k+1,k) + h[\boldsymbol{X}(k+1,k),k+1] + \boldsymbol{V}(k+1) \tag{5-36}
$$

则观测方程为

$$
\boldsymbol{Z}(k+1) = \boldsymbol{H}(k+1)\boldsymbol{X}(k+1) + \boldsymbol{y}(k+1) + \boldsymbol{V}(k+1) \tag{5-37}
$$

公式（5-37）中，$\boldsymbol{X}(k+1,k)$ 为状态 $\boldsymbol{X}(\mathrm{k}+1)$ 的估计值。

EKF 算法的递推过程如下：

①初始化

$$
\boldsymbol{P}(0)=\boldsymbol{P}_0 \tag{5-38}
$$

$$
\boldsymbol{X}(0)=\boldsymbol{X}_0 \tag{5-39}
$$

②预测

$$
\boldsymbol{X}(k+1,k) = \boldsymbol{X}(k,k) \tag{5-40}
$$

$$
\boldsymbol{P}(k+1,k) = P(k,k) \tag{5-41}
$$

③更新

$$
\boldsymbol{G}(k+1) = \boldsymbol{P}(k+1,k)\boldsymbol{H}(k+1)^{\mathrm{T}}\left[\boldsymbol{H}(k+1)\boldsymbol{P}(k+1,k)\boldsymbol{H}(k+1)^{\mathrm{T}} + \boldsymbol{R}(k+1)\right]^{-1} \tag{5-42}
$$

$$
\boldsymbol{X}(k+1,k+1) = \boldsymbol{X}(k+1,k) + \boldsymbol{G}(k+1)\{\boldsymbol{Z}(k+1) - h[\boldsymbol{X}(k+1,k),k+1]\} \tag{5-43}
$$

$$
\boldsymbol{P}(k+1,k+1) = [\boldsymbol{I} - \boldsymbol{G}(k+1)\boldsymbol{H}(k+1)]\boldsymbol{P}(k+1,k) \tag{5-44}
$$

其中，$\boldsymbol{P}(k,k)$ 为后验估计协方差矩阵，$\boldsymbol{P}(k+1,k)$ 为先验误差协方差矩阵，$\boldsymbol{R}(k)$ 为测量噪声协方差矩阵，$\boldsymbol{G}(k)$ 为增益矩阵，$\boldsymbol{H}(k)$ 为观测方程的雅可比矩阵。

（2）应用

在使用算法之前，必须先给定 $\boldsymbol{X}(0)$, $\boldsymbol{P}(0)$ 和 $\boldsymbol{R}(0)$ 的初值。经过反复试验，最终确定 $\boldsymbol{X}(0)=[0.01,0.01,0.01]$, $\boldsymbol{P}(0)=10$, $\boldsymbol{R}(0)=0.01$。EKF 算法用于多组分浓度测定的方法可通过实验数据加以验证，其结果如表 5-5 所示。从表 5-5 中可以看出，使用 EKF 算法的结果明显优于没有使用该算法的结果。同时，误差分析显示，EKF 估计值与实际值的均方误差 MSE 均小于 0.005，这样的估计结果满足工艺要求，因此，基于 EKF 的分光光度法用于混合染液浓度测定是可行的。

表5-5　EKF算法用于多组分浓度测定的方法实验数据验证结果分析

染色配方 /(g・L^{-1})	未使用 EKF			MSE (×10^{-5})	使用 EKF			MSE (×10^{-5})
	c_1	c_2	c_3		c_1	c_2	c_3	
(0.05, 0.05, 0.05)	0.068 1	0.051 7	0.079 7	0.011 6	0.058 1	0.044 6	0.053 0	0.003 4
(0.3, 0.3, 0.3)	0.362 6	0.265 4	0.681 0	0.129 2	0.300 5	0.286 9	0.303 0	0.004 5
(0.08, 0.05, 0.03)	0.089 3	0.056 4	0.046 0	0.006 5	0.085 1	0.053 3	0.031 6	0.002 1
(0.05, 0.3, 0.8)	0.024 0	0.350 0	0.976 5	0.061 8	0.058 2	0.295 6	0.793 8	0.003 7
(0.3, 0.03, 0.6)	0.462 8	0.086 4	0.900 3	0.115 4	0.295 7	0.033 3	0.591 1	0.003 5

（3）结论

从实验结果可以看出，基于 EKF 的分光光度法用于混合染液浓度测定是可行的。在该方法中，最关键的是建立非线性光度体系吸光度的数学模型。而在使用 EKF 算法过程中，应注意参数初值的选择，如 $\boldsymbol{R}(0)$ 和 $\boldsymbol{P}(0)$。这些参数的选取将会影响滤波结果。因此，今后研究将偏向于针对不同染色过程，自动选取参数初值，以满足滤波要求。

5.5 本章小结

针对满足线性 Lambert–Beer 定律的多组分体系，设计卡尔曼滤波分光光度法，用于解决线性系统的滤波问题；针对不遵循 Lambert–Beer 定律以及不满足吸光度线性加和性的非线性光度分析系统，将 EKF 算法引入分光光度分析中，解决非线性多组分体系的滤波问题，并且得到很好的滤波效果。

①对于多种活性染料的混合染液，其非线性吸光度数学模型可表示为

$$A = a_0 + a_1c_1 + a_2c_2 + a_3c_3 + a_4\sqrt{c_1} + a_5\sqrt{c_2} + a_6\sqrt{c_3} + a_7\sqrt{c_1c_2} + a_8\sqrt{c_1c_3} + a_9\sqrt{c_2c_3} + a_{10}\sqrt{c_1c_2c_3}$$

该模型合理地表达了混合染液中染料浓度变化及其对吸光度的影响，同时给出了非线性吸光度体系下混合染液吸光度不遵循相加性的原因。

②卡尔曼滤波、EKF 算法均依赖于模型的精确性和随机噪声信号统计特性已知的条件。若系统存在模型不确定或干扰信号统计特性不明确的情况，这些不确定因素将使这些算法失去最优性，估计精度大大降低，严重时还会引起滤波发散。因此，针对上述可能发生情况的滤波问题，应该寻求更好的滤波算法，以便增强系统的稳定性，如 H ∞鲁棒滤波算法等。

第6章 基于状态估计的间歇式染色过程织物色泽软测量方法

本章提出了基于状态估计的软测量方法用于间歇式染色过程织物色泽在线测量的方法。针对间歇式染色过程的特点，分别研究了单一染料、混合染料的染色过程织物色泽软测量问题。对于不同的染色过程，建立相应的织物色泽软测量模型，并设计合适的滤波算法，以有效减少测量误差。同时，对于低浓度混合染料的染色过程，研究了基于卡尔曼滤波的软测量方法，以解决该间歇式染色过程的线性系统软测量问题。

6.1　引言

基于染色动力学模型的间歇式染色过程织物色泽在线测量方法存在忽略染料间相互作用、模型不够完善及缺少有效滤波方法等不足和局限性，难以应用于实际的工业过程。因此，本章提出了另一种软测量方法，基于染液组分浓度测量理论和分析方法，通过检测间歇染机中染液的吸光度，同时测定染液各组分染料浓度，建立以染料浓度为辅助变量、织物色泽为主导变量的软测量模型，实现间歇染机中织物色泽在线测量的软测量方案。该方法避免了建立精确的染色动力学模型由于机理复杂以及影响因素繁多而存在困难的问题，而且应用卡尔曼滤波算法来估计染液各组分染料浓度，可以有效地减少测量误差。

针对单一染料及混合染料的间歇式染色过程，研究织物色泽在线软测量问题，并重点讨论基于状态估计的软测量方法在间歇式染色过程织物色泽在线测量中的应用，通过实验仿真评价该软测量方法的预测精度，并分析其原因。

6.2　方案设计

间歇式染色过程织物色泽的软测量原理是：首先，使用分光光度计测定来自间歇染机的染液在可见光波长范围内的吸光度数值；其次，建立染液吸光度与各组分染料浓度的数学模型，采用卡尔曼滤波分光光度法估计混合染液中各组分染料的浓度值；最后，建立织物色泽软测量模型，通过软测量模型来

预测染机中织物色泽三刺激值 *XYZ*，并转换成 *RGB* 颜色仿真值在 CRT 显示器上显示出来。在染色过程中，染料逐渐吸附上染到织物，在染液中的浓度不断降低。因此，从染液中连续或定时采样，通过分光光度计测试染液吸光度的变化，并根据织物色泽软测量模型去估计染机中织物色泽，可实现对染色过程的产品质量实时监控。对于间歇式染色过程，其织物色泽软测量原理图如图 6-1 所示。

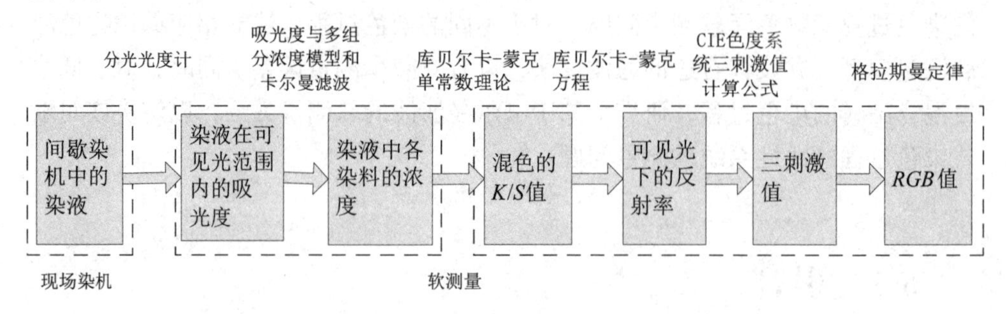

图 6-1　间歇式染色过程织物色泽在线软测量原理框图

间歇染色过程织物色泽软测量系统如图 6-2 所示，主要由间歇染机、冷凝器、分光光度计及数据采集与处理系统组成。

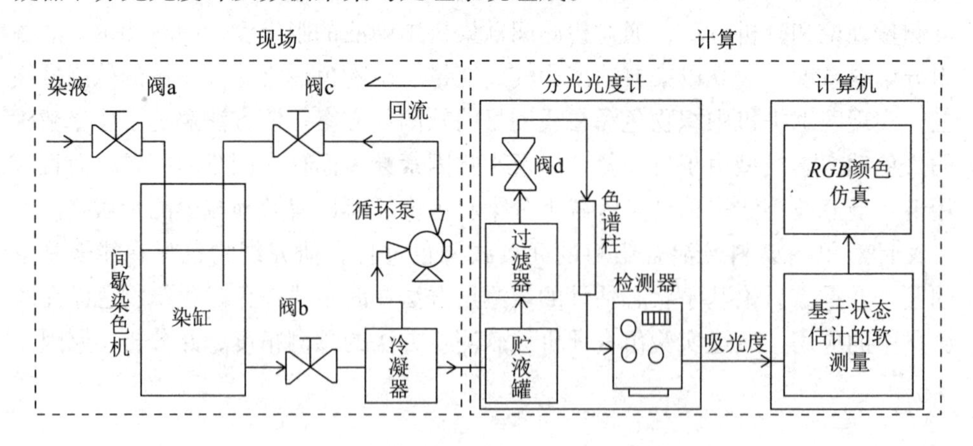

图 6-2　织物色泽在线软测量系统结构示意图

（1）间歇染机

采用常规的常压常温小型染色机。

（2）冷凝器

将 1 ～ 2 m 不锈钢毛细管弯曲成螺旋状，放入带有循环冷却水的瓶中，组成冷却装置，以确保测试结果稳定。

（3）循环泵

可使用常规的 HL 型蠕动泵（恒流泵），配用内径为 1 mm 和 3 mm 的硅胶导管，流量为 600 mL /h。在染色过程中，染液需要不断循环。

（4）分光光度计

由于染色过程所需时间较长，一般是 2 ～ 3 h，因此对选用的分光光度计稳定性要求比较高。可采用 Unico 2000 系列紫外可见光分光光度仪，比色皿根据具体仪器要求定制。

（5）数据采集与处理系统

将分光光度仪与计算机连接（RS232 或 USB 接口），在计算机上安装分光光度计配套的数据采集软件，自动记录染液吸光度的实时数据。数据采集速度可根据染料的上染速率设定，一般可每 10 ～ 30 s 采样一次，染色完成后，保存数据。然后根据织物色泽软测量模型，得到织物色泽三刺激值 XYZ，实现间歇式染色过程织物色泽的在线测量。

6.3　基于状态估计的软测量方法

6.3.1　状态估计

数学上描述自然现象或过程都是建立在数学模型的基础上的，即数学化的现象和过程。模型 (model) 就是关于实际过程的本质的部分信息浓缩成的有用的描述形式，是一种对过程所作的近似描述。根据不同的数学方法和过程特性，模型的分类是多种多样的，如微分方程模型、状态方程模型、线性或非线性模型等。显然，当数学模型建立后，系统和过程就可以用数学形式表示出来，成为分析、预报以及控制过程行为特性的工具。

状态估计主要是针对特定数学模型在不同时刻的过程状态，而不是模型参数。对于数学模型已知的过程或对象，在连续时间过程中，通过某一时刻的已知状态 $y(k)$ 估计出该时刻或下一时刻的未知状态 $x(k)$ 的过程就是状态估计。如图 6–3 所示。参数 w 和 v 分别代表可测的干扰和控制变量。$y(k)$ 为对象输出，$x(k)$ 为对象状态估计值，状态估计器的选择是状态估计的关键，它根据已知的数学模型和增益算法获得对过程对象的状态估计。通过增益调整得到 $\hat{y}(k)$，

和实际 $y(k)$ 比较，直到差值为最小时得到所需状态估计值。

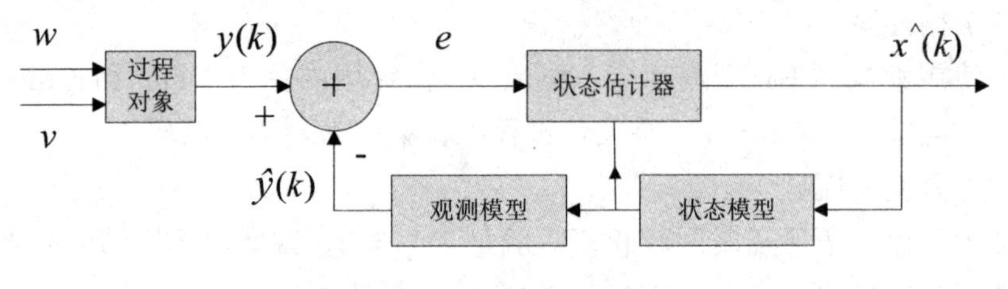

图 6-3 状态估计框图

6.3.2 基于状态估计的软测量

假定已知系统对象的状态空间模型为

$$\begin{cases} \dot{x} = Ax + Bu + Ev \\ y = Cx \\ \theta = C_\theta x + w \end{cases} \tag{6-1}$$

式（6-1）中，x 为过程的状态变量；v 和 w 分别为白噪声；y 和 θ 分别为过程的主导变量和辅助变量。

假设系统的状态变量 x 关于辅助变量 θ 是完全可观的，那么，根据状态估计的原理，基于状态估计的软测量方法就是把软测量问题转化为状态观测和状态估计问题，可采用卡尔曼滤波或自适应卡尔曼滤波以及扩展卡尔曼滤波得到状态估计值，适用于对象模型已知的测量过程。

在许多实际问题中，测量过程实际是离散时间过程，待测的状态变量 x 随时间变化，一般把 $x(t)$ 叫作 t 时刻的状态。如果只需要某些离散时刻 $t_0<t_1<\cdots<t_k<\cdots$ 的状态，测量也只需在这些时刻进行，那么，状态变量和测量变量就分别构成两个随机序列 $\{x(t_n)\}$，$\{y(t_n)\}$，离散时间系统的状态估计就是测量序列 $\{y(t_n)\}$ 对状态序列 $\{x(t_n)\}$ 做出的估计，并把估计误差按照一定的最优准则反馈给估计过程，调整新的状态估计。

对于软测量，状态估计是指从辅助变量到主导变量的估计过程。利用状态观测和状态估计的方法，根据辅助变量可以得到状态变量的估计值，进而获得主导变量的估计值。这种解决问题的办法就是基于状态估计的软测量的基本原理。

基于状态估计的软测量在众多不同类别的软测量方法中具有自己的优势，

主要在于其原理较为简单，具体操作或应用相对简明，其思路是将待测变量作为状态估计对象。但由于实际生产中观测模型往往相当复杂，采用近似的办法经常不能保证测量准确性。因此，工艺机理或对对象的分析和建模的实际水平限制了基于状态估计的软测量的应用。对于模型较为成熟和简化后基本能反映测量对象特性的模型，状态估计的方法能有效地测量出所需参数。目前工业应用实例基本上属于这种情况。

6.4　单一染料间歇式染色过程织物色泽的软测量

6.4.1　问题分析

目前，大部分印染企业采用间歇式的染色方式，以适应小批量、多品种的市场需求。但是，间歇式染色方式无法使用仪器在线检测染机中织物的色泽，而主要采用离线测色法，即检验人员对产品进行离线测色，或由现场工人目视测色。显然，离线测色法难以满足高质量产品的生产要求，而且容易造成高耗低效。如何在线准确测量出染机中织物的色泽是决定印染产品质量、生产成本和水资源消耗的关键技术，也是印染行业的重大共性技术难题。然而，人们对间歇式染色的在线测色技术研究较少。大多数研究学者侧重于研究染色工艺优化来减少色差，这种方法依赖于经验的工艺曲线而不是真正有效的在线测色方法。也有少数人通过大量试验数据进行回归建模，寻求色差与染色工艺参数的关系，但这些基于经验建模的模型可靠性差，适用范围小，而且很难有效地应用于实践生产中。

软测量技术为实现间歇染色过程色泽在线测量提供了新的思路，从机理分析出发，基于库贝尔卡－蒙克理论、色度学理论和染色化学理论，研究织物色泽三刺激值与 K/S 值的关系，以及织物 K/S 值与染液吸光度的关系，结合回归分析方法，建立单一染料间歇式染色过程织物色泽的软测量模型。根据测定的染浴中染料残液的吸光度，估计间歇染机中织物色泽三刺激值 XYZ，解决间歇式染色过程难以在线测色的问题，为间歇式染色过程的色差在线测控研究提供一定的理论基础和研究经验。

6.4.2 单一染料染色过程织物色泽软测量模型

（1）单一染料染色过程织物的 K/S 值模型

根据 Kubelka–Munk 单常数理论，可知，当单一染料染色时织物的 K/S 值模型为

$$\left(\frac{K}{S}\right)_{s}=\left(\frac{K}{S}\right)_{t}+c\left(\frac{K}{S}\right)_{c} \tag{6–2}$$

公式 (6–2) 中，$(K/S)_s$ 为织物样品的 K/S 值；$(K/S)_t$ 为基底的 K/S 值；$(K/S)_c$ 为染料对应的单位浓度 K/S 值；c 为织物上的染料浓度。

从理论上讲，公式 (6–2) 表明了当染料用量在一定范围内时，单一染料染色织物的 K/S 值应与染色织物上染料浓度 c_f 呈线性关系，但在实际的染色实验中得到的却是曲线，如图 6–4 所示。可能的原因主要有三个：一是存在纤维的表面反射；二是染料没有完全上染到纤维上；三是染料散射系数的影响。因此，对 K/S 值与染色织物上染料浓度 c_f 应采用多项式拟合方法，结果更为准确。即

$$\left(\frac{K}{S}\right)_{s}=b_0+b_1c_f+b_2c_f^2 \tag{6–3}$$

公式 (6–3) 中，b_0,b_1,b_2 均为拟合系数。

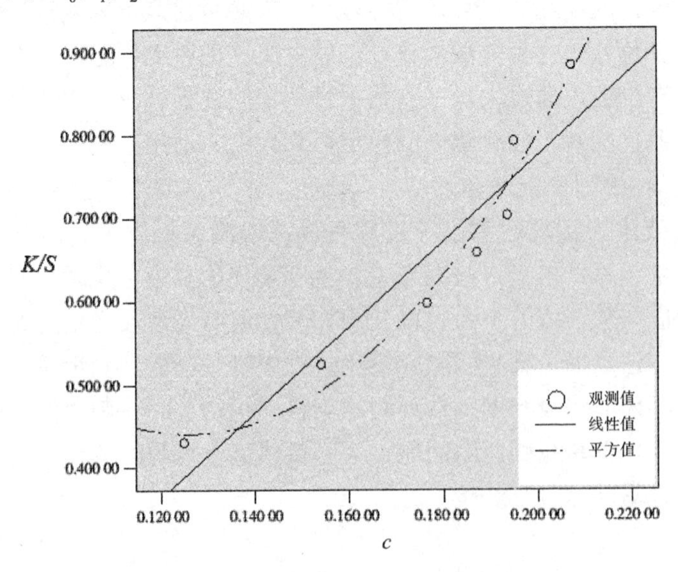

图 6–4 织物 K/S 值与染料浓度 c 的关系图

在可见光范围内（400 ～ 700 nm）每隔 20 nm 测量一个点，共 16 个点，故可得到 16 个方程组成的方程组。

令

$$\boldsymbol{Q}_{\mathrm{s}}=\left[\left(\frac{K}{S}\right)_{\mathrm{s}}(400)\ \left(\frac{K}{S}\right)_{\mathrm{s}}(420)\cdots\left(\frac{K}{S}\right)_{\mathrm{s}}(700)\right]$$

$$\boldsymbol{B}_0=[b_0(400)\ \ b_0(420)\cdots b_0(700)]^{\mathrm{T}}$$

$$\boldsymbol{B}_1=[b_1(400)\ \ b_1(420)\cdots b_1(700)]^{\mathrm{T}}$$

$$\boldsymbol{B}_2=[b_2(400)\ \ b_2(420)\cdots b_2(700)]^{\mathrm{T}}$$

则单色染色织物的 K/S 值应与染色织物上的染料浓度 c_{f} 的关系为

$$\boldsymbol{Q}_{\mathrm{s}}=\boldsymbol{B}_0+\boldsymbol{B}_1\cdot c_{\mathrm{f}}+\boldsymbol{B}_2\cdot c_{\mathrm{f}}^2 \tag{6-3}$$

（2）染液吸光度与织物 K/S 值的关系推导

根据朗伯比尔定律可知，吸光度 A 与浓度 c 之间成直线关系，可得

$$\frac{c_{\mathrm{s}}}{A_{\mathrm{s}}}=\frac{c_0}{A_0} \tag{6-4}$$

公式 (6–4) 中，c_0 为空白染浴的初始浓度；c_{s} 为残液的浓度；A_0 为空白染浴在最大吸收波长处的吸光度；A_{s} 为染色残液在最大吸收波长处的吸光度。

根据染色化学理论，可知

$$c_{\mathrm{f}}=c_0-c_{\mathrm{s}}=c_0-\left(\frac{c_0}{A_0}\cdot A_{\mathrm{s}}\right) \tag{6-5}$$

公式 (6–5) 中，c_{f} 为织物上的染料浓度。在已知染料初始浓度 c_0 及对应的吸光度 A_0 的条件下，只要测得吸光度 A_{s}，就可以得到织物上的染料浓度 c_{f}。

将式 (6–5) 代入公式 (6–3)，可得单一染料染色时织物的 K/S 值与染液吸光度 $\boldsymbol{A}$ 的关系：

$$\boldsymbol{Q}_{\mathrm{s}}=\boldsymbol{B}_0+\boldsymbol{B}_1\cdot\left[c_0-\left(\frac{c_0}{A_0}\cdot A_{\mathrm{s}}\right)\right]+\boldsymbol{B}_2\cdot\left[c_0-\left(\frac{c_0}{A_0}\cdot A_{\mathrm{s}}\right)\right]^2 \tag{6-6}$$

令

$$\boldsymbol{M}=\begin{bmatrix}c_0 & \dfrac{c_0}{A_0}\end{bmatrix},\ \boldsymbol{A}=[1\ \ A_{\mathrm{s}}]^{\mathrm{T}}$$

则

$$\boldsymbol{Q}_{\mathrm{s}}=\boldsymbol{B}_0+\boldsymbol{B}_1\cdot(\boldsymbol{M}\cdot\boldsymbol{A})+\boldsymbol{B}_2\cdot(\boldsymbol{M}\cdot\boldsymbol{A})^2 \tag{6-7}$$

（3）三刺激值与织物 *K/S* 值的关系推导

针对不透明样品的 Kubelka–Munk 方程为

$$\left(\frac{K}{S}\right)_s(\lambda)=\frac{\left[1-r(\lambda)\right]^2}{2r(\lambda)} \tag{6–8}$$

公式 (6–8) 中，$(K/S)_s(\lambda)$ 为某波长 λ 处织物的 (K/S) 值；$r(\lambda)$ 为织物在某波长 λ 处的光谱反射率。

根据公式 (5–8) 可推导出不同波长下的光谱反射率：

$$r(\lambda)=\left[\left(\frac{K}{S}\right)_s(\lambda)+1\right]-\sqrt{\left[\left(\frac{K}{S}\right)_s(\lambda)+1\right]^2-1} \tag{6–9}$$

将公式 (6–9) 代入色度系统三刺激值计算公式，得颜色三刺激值 *XYZ* 与 *K/S* 值的关系为

$$\begin{bmatrix}X\\Y\\Z\end{bmatrix}=k_{10}\cdot\Delta\lambda\cdot\mathbf{T}\cdot\mathbf{P}\cdot\begin{bmatrix}\left[\left(\frac{K}{S}\right)_s(\lambda)+1\right]-\sqrt{\left[\left(\frac{K}{S}\right)_s(\lambda)+1\right]^2-1}\\\left[\left(\frac{K}{S}\right)_s(\lambda)+1\right]-\sqrt{\left[\left(\frac{K}{S}\right)_s(\lambda)+1\right]^2-1}\\\vdots\\\left[\left(\frac{K}{S}\right)_s(\lambda)+1\right]-\sqrt{\left[\left(\frac{K}{S}\right)_s(\lambda)+1\right]^2-1}\end{bmatrix} \tag{6-10}$$

公式 (6–10) 中，k_{10} 为归化系数；$\Delta\lambda$ 为波长间距；$\boldsymbol{T}$ 为 CIE 规定的标准色度观察者的光谱三刺激值矩阵，要求人眼观察被测物体的视角在 4° ～10° 之间；$\boldsymbol{P}$ 为采用 CIE 规定的标准照明体 D_{65}。

（4）三刺激值与染液吸光度的模型推导

联立公式 (6–7) 和 (6–10)，可得

$$\begin{bmatrix}X\\Y\\Z\end{bmatrix}=k_{10}\cdot\Delta\lambda\cdot\boldsymbol{T}\cdot\boldsymbol{P}\cdot\begin{bmatrix}\left[\boldsymbol{B}_{0,1}+\boldsymbol{B}_{1,1}(\boldsymbol{M}\cdot\boldsymbol{A})+\boldsymbol{B}_{2,1}(\boldsymbol{M}\cdot\boldsymbol{A})^2+1\right]-\sqrt{\left[\boldsymbol{B}_{0,1}+\boldsymbol{B}_{1,1}(\boldsymbol{M}\cdot\boldsymbol{A})+\boldsymbol{B}_{2,1}(\boldsymbol{M}\cdot\boldsymbol{A})^2+1\right]^2-1}\\\left[\boldsymbol{B}_{0,2}+\boldsymbol{B}_{1,2}(\boldsymbol{M}\cdot\boldsymbol{A})+\boldsymbol{B}_{2,2}(\boldsymbol{M}\cdot\boldsymbol{A})^2+1\right]-\sqrt{\left[\boldsymbol{B}_{0,2}+\boldsymbol{B}_{1,2}(\boldsymbol{M}\cdot\boldsymbol{A})+\boldsymbol{B}_{2,2}(\boldsymbol{M}\cdot\boldsymbol{A})^2+1\right]^2-1}\\\vdots\\\left[\boldsymbol{B}_{0,16}+\boldsymbol{B}_{1,16}(\boldsymbol{M}\cdot\boldsymbol{A})+\boldsymbol{B}_{2,16}(\boldsymbol{M}\cdot\boldsymbol{A})^2+1\right]-\sqrt{\left[\boldsymbol{B}_{0,16}+\boldsymbol{B}_{1,16}(\boldsymbol{M}\cdot\boldsymbol{A})+\boldsymbol{B}_{2,16}(\boldsymbol{M}\cdot\boldsymbol{A})^2+1\right]^2-1}\end{bmatrix} \tag{6–11}$$

公式 (6-11) 中，$B_{0,i}$、$B_{1,i}$ 和 $B_{2,i}$(i=1,2,⋯,16) 分别为 $\boldsymbol{B}_0$、$\boldsymbol{B}_1$ 和 $\boldsymbol{B}_2$ 的第 i 行。k_{10}，$\Delta\lambda, T, P$ 均为已知常量，其他量未知。当确定染料初始浓度，即可确定 M 值，同时，运用回归分析建模方法可得到 B_0、B_1 和 B_2 值。A 为待测量。

（5）参数估计

以单一活性染料 RR– 红对 18.45tex 纯棉进行染色为研究对象。根据公式 (6-7) 可知，织物 $(K/S)_s$ 值与吸光度 $\boldsymbol{A}$ 的关系符合多项式回归模型的形式，其中，$\boldsymbol{B}_0$ 为常数项矩阵 (16 × 1)，$\boldsymbol{B}_1$ 和 $\boldsymbol{B}_2$ 均为回归系数矩阵 (16 × 1)。运用回归方法，其结果如表 6-1 所示。

表6-1　模型的回归系数及其检验统计量

组	B_2	B_1	B_0	R^2	F
1	65.349 1	−16.449 5	1.475 8	0.969	56.547
2	51.212 7	−13.023 3	1.163 3	0.963	52.244
3	50.850 8	−12.969 1	1.151 7	0.963	52.331
4	76.354 6	−19.506 9	1.721 2	0.964	54.038
5	132.761 3	−34.088 6	2.970 8	0.965	54.504
6	206.502 4	−53.420 0	4.580 9	0.965	54.487
7	264.313 5	−68.638 7	5.833 5	0.964	53.128
8	265.429 7	−68.939 1	5.863 1	0.964	53.918
9	191.787 3	−49.306 1	4.254 9	0.965	54.836
10	70.661 5	−17.592 0	1.579 5	0.967	58.704
11	19.285 8	−4.843 1	0.435 2	0.962	51.055
12	4.150 5	−1.129 3	0.107 9	0.920	22.943
13	1.052 3	−0.340 6	0.040 4	0.417	1.433
14	0.604 6	−0.216 9	0.028 4	0.538	2.331
15	0.482 4	−0.171 2	0.023 2	0.595	2.940
16	0.358 1	−13.05	0.018 6	0.722	5.196

从表 6-1 可以看出，前 12 个模型的相关系数 R^2 值都较高且 F 值都大于

$F_{0.05}$（其中，$F_{0.05}$ = 2.23），说明模型的拟合优度较高，总体模型的线性关系显著。后 4 个模型的 R^2 值和 F 值相对偏小，其主要原因是拟合的试验数据本身很小，造成相对误差很大，但它们的绝对误差很小，将不会影响整体拟合效果。

6.4.3 仿真研究

（1）仿真实验设计

①主要仪器和化学品。

H-24SE 打样机、X752A 型分光光度计、SF600 型测色仪、32s 棉织物（18.45tex）、活性染料 RR- 红、元明粉、纯碱。

②染色工艺。

活性染料 RR- 红：0.1%owf ～ 0.5%owf；元明粉：20%；纯碱：10%；浴比：1 ∶ 10；染色温度：60 ℃。

工艺曲线图：

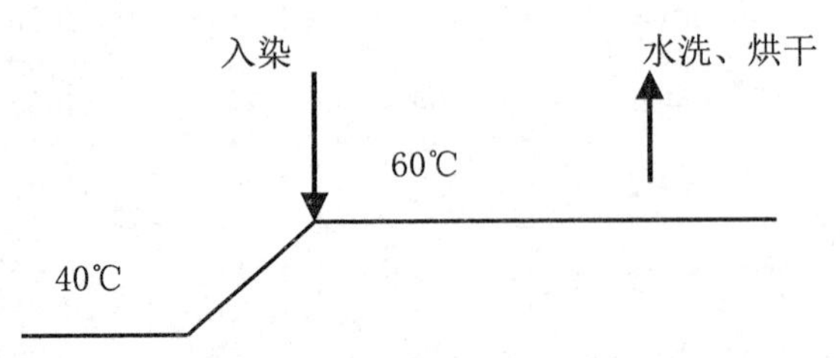

③实验方法。

将活性染料 RR- 红分别配制成 0.10%owf、0.15%owf、0.20%owf、0.25%owf、0.28%owf、0.30%owf、0.35%owf、0.40%owf、0.45%owf、0.50%owf 的染液，每种染液 10 份，均对 32 支棉织物在 H-24SE 打样机上进行染色，当染色时间为 5、10、15、30、40、45、50、55、60、70 min 时，依次将织物自 10 个烧杯中取出，同时吸取残液各 50 mL，采用 X752A 型分光光度计测定残液在最大吸收波长处的吸光度，计算染料在染色过程中不同时间的上染率。同时，将取出的织物烘干，采用 SF600 型测色仪、D_{65} 光源及 10° 视场标准观察者，在 400 ～ 7000 nm 范围内以 $\Delta\lambda$=200 nm 测试样品的反射率。

（2）结果分析与讨论

织物色泽的预测值与实测值的色差值是评价色泽在线软测量模型准确程度的基本依据。本书采用了 CIE　1976 L* a* b* 色差公式的色差判定规则。实际间歇染色过程中，在相同的染色工艺条件下，采用软测量方法和离线人工测

色方法对染色过程中织物色泽进行测量，对比结果见表 6-2、表 6-3。

表6-2　初始浓度为0.3%owf在不同时刻的色泽预测值与实测值的对比及其色差评估

测量时刻 /min	染料上染率 /（%）	预测三刺激值			实测三刺激值			ΔE_{D65}
		X	Y	Z	X	Y	Z	
15	0.541 0	45.152	33.554	40.311	44.695	32.426	38.669	2.800 9
30	0.615 0	42.150	30.206	35.992	43.011	30.750	36.499	0.7566
40	0.647 9	40.652	28.610	33.871	42.228	29.988	35.227	1.306 7
45	0.628 3	41.551	29.561	35.14	41.787	29.553	34.716	0.923 2
50	0.637 9	41.112	29.095	34.52	41.347	29.358	34.653	0.423 5
55	0.644 3	40.634	28.590	33.845	41.959	29.813	35.036	1.253 3
60	0.640 3	41.002	28.978	34.364	42.255	30.078	35.357	1.072 9
70	0.648 3	40.818	28.784	34.105	41.970	29.846	35.025	1.125 1

表6-3　不同初始浓度织物色泽的预测值与实测值的对比及色差评估

染料初始浓度 /（%owf）	染料上染率 /%	预测三刺激值			实测三刺激值			ΔE_{D65}
		X	Y	Z	X	Y	Z	
0.15	0.833	47.60	36.40	43.94	47.27	36.01	43.48	0.472
0.20	0.771	45.09	33.51	40.3	46.01	34.54	41.56	1.218
0.25	0.706	43.67	31.78	38.02	43.31	31.48	37.65	0.250
0.28	0.668	42.21	30.33	36.19	41.77	29.80	35.45	0.807
0.30	0.645	41.51	29.46	34.96	40.79	28.75	34.06	0.803
0.35	0.557	39.85	27.84	32.83	40.56	28.52	33.75	0.748
0.40	0.518	38.51	26.39	30.87	38.67	26.57	31.10	0.274

注：ΔE_{D65} 是指在 D_{65} 光源照明下产生的色差，色差单位为 CIE LAB。

一方面，表 6-2 反映出，在染色初期，由于染浴中各种化学反应激烈，

K/S 值与染料浓度呈严重的非线性关系，预测存在较大的偏差。在染色中期，化学反应相对平稳，*K/S* 值与染料浓度关系可近似为线性，色差值较小。而在染色后期，随着活性染料的水解反应加剧，由于没有考虑水解反应，导致色泽预测的色差值偏大，这种现象符合活性染料的上染过程。另一方面，从表 6–3 可以看出，单一染料不同浓度的染色过程，在染色终点处织物色泽预测值均与实测值较为接近。表 6–2、表 6–3 同时表明模型的预测值能满足工艺要求。因此，该色泽三刺激值的软测量模型是有效可行的。

6.4.4 结论

以单一活性染料 RR– 红上染 18.45tex 棉织物为研究对象，建立的间歇染色过程织物色泽软测量模型，其相关系数 R^2 值接近 1，拟合效果良好。实践表明，模型预测值与实测值之间的色差值在 1.5(CIE LAB) 之内，两者色差不明显，该软测量模型可以正确反映实际染色过程织物的色泽三刺激值，是有效可行的。该研究为今后研究多种染料混染过程的织物色泽软测量模型提供了经验和方法。同时，由于实现了间歇染色过程织物色泽的在线测量，为解决间歇式染色过程织物色泽的在线测量与控制技术难题奠定了基础。

采用分光光度法测定单一染料溶液的吸光度，可以得到较为准确的染料浓度。但是，测定混合染液的吸光度，很难得到准确的各种染料浓度，主要原因是混合染液中染料之间存在相互作用，若不考虑其相互作用，得到的测量值一定会存在偏差。只有掌握好混合染液中染料之间的相互作用的关系，才能测定准确的混合染液中染料的浓度，进而建立混合染料间歇染色过程织物色泽软测量模型，这也是今后的研究方向。

6.5 低浓度混合染料间歇式染色过程织物色泽的软测量

6.5.1 问题分析

由于间歇式染色是在高温和高压的条件下进行，因此，在线测量染机中织物色泽是非常困难的，这一直是染整行业中的技术难题。在这种情况下，采用软测量方法是解决间歇染机中织物色泽在线测量问题的有效途径。目前，软

测量方法已经在单一染料间歇式染色过程中得到了良好的应用，即通过测定染机中染液的吸光度得到织物的色泽。本研究在此基础上，研究基于卡尔曼滤波的软测量方法，用于解决低浓度混合染料间歇式染色过程织物色泽在线测量的问题。基于 Lambert–Beer 定律，通过测量间歇染机中混合染液在各染料的最大吸收波长处的吸光度，采用卡尔曼滤波算法来有效地估计混合染液中各染料的浓度，以消除在实际测量过程中由于染料间相互作用、助剂用量变化及仪器本身存在的缺陷如入射单色光不纯、比色皿被污染等因素带来的扰动对测量结果的影响。根据染色理论、光学理论和色度学理论，推导混合染液中各染料浓度与织物色泽三刺激值的软测量模型结构，应用最小二乘法估计模型参数。最后，根据混合染液中各染料的浓度估计值通过该软测量模型计算出染机中织物色泽的三刺激值 *XYZ*。以活性染料 RR– 红、活性染料 RR– 黄和活性染料 RR– 蓝拼染纯棉为实例，对该方法进行验证。

6.5.2　基于卡尔曼滤波的软测量方法

将基于卡尔曼滤波的软测量方法应用于多种染料间歇式染色过程织物色泽在线测量，其原理如图 6–5 所示。从图 6–5 可以看出，基于卡尔曼滤波的染液多组分染料浓度测量方法是使用分光光度计测定来自间歇染机中染液在可见光范围内的吸光度，并建立相应的吸光度线性模型，应用卡尔曼滤波算法对染液的各组分染料浓度进行估计。最后，根据获得的染料浓度估计值，通过织物色泽软测量模型来预测染机中织物色泽三刺激值。

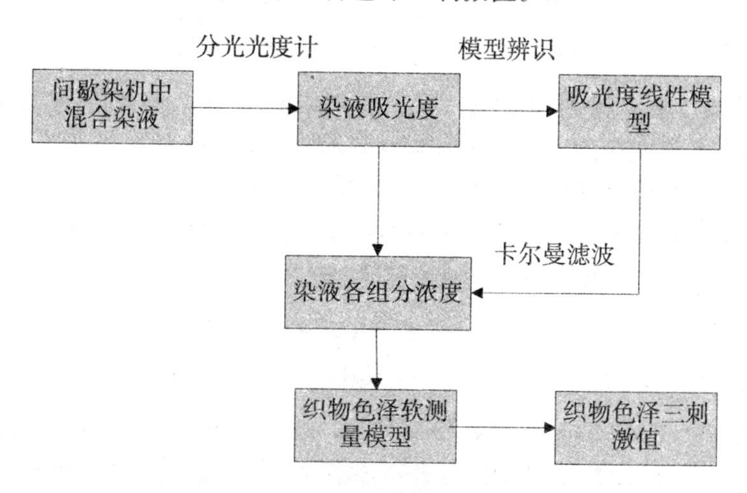

图 6–5　基于卡尔曼滤波的软测量原理框图

（1）卡尔曼滤波算法设计

根据 Lambert–Beer 定律和光吸收加和原理，在 3 种活性染料上染纯棉过程中，其混合染液的吸光度与染液中染料浓度的关系可表示为

$$\boldsymbol{A}_{(3\times1)}=\boldsymbol{H}_{(3\times3)}\cdot\boldsymbol{C}_{\mathrm{h}(3\times1)} \tag{6-12}$$

公式 (6–12) 中，$\boldsymbol{A}$ 为混合染液在波长为 $\lambda_{\max1}$、$\lambda_{\max2}$、$\lambda_{\max3}$ 处的吸光度矩阵；$\boldsymbol{H}$ 为 3 种活性染料在波长为 $\lambda_{\max1}$、$\lambda_{\max2}$、$\lambda_{\max3}$ 处的吸光系数矩阵；$\boldsymbol{C}_{\mathrm{h}}$ 为 3 种活性染料在混合染液中的浓度矩阵，下同。其中，$\lambda_{\max1}$、$\lambda_{\max2}$、$\lambda_{\max3}$ 分别为活性染料 RR–红、活性染料 RR– 黄、活性染料 RR– 蓝的最大吸收波长。

离散的光度分析系统可表示如下：

$$\begin{cases}\boldsymbol{C}_{k+1}=\boldsymbol{I}\cdot\boldsymbol{C}_k\\ \boldsymbol{A}_k=\boldsymbol{H}_k\boldsymbol{C}_k+\boldsymbol{v}_k\end{cases} \tag{6-13}$$

公式 (6–13) 中，符号 k 表示第 k 个测量波长，$\boldsymbol{A}_k$ 表征混合染液在波长 k 处测量的吸光度，$\boldsymbol{C}_k$ 表征混合染液中染料浓度矩阵。由于在吸光度测量过程中各组的浓度 $\boldsymbol{C}_k$ 不随波长 k 变化，故式 (6–14) 中状态矩阵为单位矩阵 $\boldsymbol{I}$。$\boldsymbol{H}_k$ 为观测矩阵，即为各组分在波长 k 处的吸光系数所构成的矩阵。$\boldsymbol{v}_k$ 为测量噪声。

卡尔曼滤波的递推公式如下：

$$\begin{cases}\boldsymbol{C}_{k+1/k+1}=\boldsymbol{C}_{k+1/k}+\boldsymbol{K}_{k+1}\left(\boldsymbol{A}_{k+1}-\boldsymbol{H}_{k+1}\boldsymbol{C}_{k+1/k}\right)\\ \boldsymbol{K}_{k+1}=\boldsymbol{P}_{k+1/k}\boldsymbol{H}^{\mathrm{T}}{}_{k+1}\left(\boldsymbol{H}_{k+1}\boldsymbol{P}_{k+1/k}\boldsymbol{H}^{\mathrm{T}}{}_{k+1}+\boldsymbol{R}_{k+1}\right)^{-1}\\ \boldsymbol{P}_{k+1/k}=\boldsymbol{P}_{k/k}\\ \boldsymbol{P}_{k+1/k+1}=\boldsymbol{P}_{k+1/k}-\boldsymbol{K}_{k+1}\boldsymbol{H}_{k+1}\boldsymbol{P}_{k+1/k}\end{cases} \tag{6-14}$$

公式(6–14) 中，$\boldsymbol{K}_{k+1}$ 表示滤波增益，$\boldsymbol{R}_{k+1}$ 表示测量噪声 $\boldsymbol{V}_{k+1}$ 的方差；$\boldsymbol{P}_{k+1/k}$ 表示单步预测误差协方差矩阵，$\boldsymbol{P}_{k+1/k+1}$ 表示滤波误差的协方差矩阵。

2. 混合染料染色过程的织物色泽软测量模型推导

根据染色化学理论，当混合染液浓度很小时可忽略染液中各组分的相互作用，则染液浓度与织物上染浓度的关系可表示为

$$\boldsymbol{C}_{\mathrm{f}}=\boldsymbol{C}_0-\boldsymbol{C}_{\mathrm{h}} \tag{6-15}$$

公式 (6–15) 中，$\boldsymbol{C}_{\mathrm{f}}$ 为织物上的染料浓度矩阵，$\boldsymbol{C}_0$ 为 3 种染料的初始浓度矩阵。

根据 Kubelka–Munk 单常数理论可知，在可见光范围内 (400 ～ 700 nm)，波长间隔为 20 nm 时，3 种染料染色织物的 K/S 值与染色织物上染料浓度 $\boldsymbol{C}_{\mathrm{f}}$ 的关系为

$$\boldsymbol{Q}_{\mathrm{s}} = \boldsymbol{B}_0 + \boldsymbol{B}_1 \cdot \boldsymbol{C}_{\mathrm{f}} \tag{6-16}$$

公式 (6–16) 中，$\boldsymbol{Q}_{\mathrm{s}} = \left[\left(\frac{K}{S}\right)_{\mathrm{s}}(400) \left(\frac{K}{S}\right)_{\mathrm{s}}(420) \cdots \left(\frac{K}{S}\right)_{\mathrm{s}}(700) \right]^{\mathrm{T}}$ 为染色织物在可见光范围 (400 ～ 700 nm) 内，波长间隔为 20 nm 波长处的 K/S 值矩阵；B_0、B_1 为回归系数矩阵，可根据实验数据应用最小二乘法估计获得。

针对不透明样品的 Kubelka–Munk 方程为

$$\left(\frac{K}{S}\right)_{\mathrm{s}}(\lambda) = \frac{\left[1 - r(\lambda)\right]^2}{2r(\lambda)} \tag{6-17}$$

公式 (6–17) 中，$r(\lambda)$ 为样品某波长 λ 处的光谱反射率，其中，λ 为 400 ～ 700 nm。

根据公式 (6–17) 可推导出不同波长处的光谱反射率

$$r(\lambda) = \left[\left(\frac{K}{S}\right)_{\mathrm{s}}(\lambda) + 1\right] - \sqrt{\left[\left(\frac{K}{S}\right)_{\mathrm{s}}(\lambda) + 1\right]^2 - 1} \tag{6-18}$$

根据色度学理论，可知 CIE 系统的三刺激值计算公式为

$$\begin{bmatrix} X \\ Y \\ Z \end{bmatrix} = k_{10} \cdot \Delta\lambda \cdot \boldsymbol{T} \cdot E \cdot \boldsymbol{R} \tag{6-19}$$

公式 (6–19) 中，k_{10} 为归化系数；$\Delta\lambda$ 为波长间距；$\boldsymbol{T}$ 为 CIE 规定的标准色度观察者的光谱三刺激值矩阵，其被测物体要求人眼观察的视角在 4° ～ 10° 之间；$\boldsymbol{E}$ 为采用 CIE 规定的标准照明体 D_{65}，$\boldsymbol{R}$ 为光谱反射率矩阵。

联立式 (6–15) ～式 (6–19)，可得三刺激值与混合染液中各染料浓度的关系，即

$$\begin{bmatrix} X \\ Y \\ Z \end{bmatrix} = \boldsymbol{G} \cdot \begin{bmatrix} \left[\boldsymbol{B}_{0(1)} + \boldsymbol{B}_{1(1)} \cdot (\boldsymbol{C}_0 - \boldsymbol{C}_{\mathrm{h}}) + 1\right] - \sqrt{\left[\boldsymbol{B}_{0(1)} + \boldsymbol{B}_{1(1)} \cdot (\boldsymbol{C}_0 - \boldsymbol{C}_{\mathrm{h}}) + 1\right]^2 - 1} \\ \left[\boldsymbol{B}_{0(2)} + \boldsymbol{B}_{1(2)} \cdot (\boldsymbol{C}_0 - \boldsymbol{C}_{\mathrm{h}}) + 1\right] - \sqrt{\left[\boldsymbol{B}_{0(2)} + \boldsymbol{B}_{1(2)} \cdot (\boldsymbol{C}_0 - \boldsymbol{C}_{\mathrm{h}}) + 1\right]^2 - 1} \\ \cdots \\ \left[\boldsymbol{B}_{0(6)} + \boldsymbol{B}_{1(6)} \cdot (\boldsymbol{C}_0 - \boldsymbol{C}_{\mathrm{h}}) + 1\right] - \sqrt{\left[\boldsymbol{B}_{0(6)} + \boldsymbol{B}_{1(6)} \cdot (\boldsymbol{C}_0 - \boldsymbol{C}_{\mathrm{h}}) + 1\right]^2 - 1} \end{bmatrix} \tag{6-20}$$

公式 (6–20) 中，$\boldsymbol{G} = k_{10} \cdot \Delta\lambda \cdot \boldsymbol{T} \cdot \boldsymbol{E}$，为常量；$\boldsymbol{B}_{0(i)}$、$\boldsymbol{B}_{1(i)}$($i$=1,2,⋯,16) 依次表示矩阵 $\boldsymbol{B}_0$、$\boldsymbol{B}_1$ 的第 i 列。

从式 (6–20) 可以看出，在 3 种活性染料初始浓度值 C_0 已知的条件下，通过测定间歇染机中染液中各组分染料浓度 C_h，就可以得到织物的色泽三刺激值。

（3）参数估计

以活性染料 RR– 红、活性染料 RR– 黄、活性染料 RR– 蓝 3 种活性染料对 18.45tex 纯棉进行染色为研究对象。根据式 (6–18) 可知，织物 $(K/S)_s$ 值与吸光度 A 的关系符合多项式回归模型的形式。式 (6–18) 中，B_0 为常数项矩阵 (16×1)，B_1 为回归系数矩阵 (16×3)。运用回归分析建模方法，其结果如表 6–4 所示。

表6–4　模型的回归系数及其检验统计量

组	B_1			B_0	R^2	F
1	0.133 6	5.428 2	2.745 1	3.857 8	0.991 1	745.37
2	0.113 8	6.842 8	2.790 2	2.837 5	0.991 6	783.79
3	0.110 2	8.155 0	2.587 0	2.371 7	0.990 9	729.24
4	0.112 1	9.385 2	2.580 5	2.157 9	0.991 0	734.71
5	0.121 6	10.418 1	2.472 9	2.782 6	0.991 0	735.12
6	0.129 1	10.051 3	2.319 7	4.194 8	0.991 1	742.88
7	0.135 6	9.087 3	2.111 5	5.958 9	0.991 3	755.14
8	0.139 6	7.175 1	2.130 0	8.042 3	0.991 4	767.9
9	0.130 5	5.250 3	1.446 6	9.602 8	0.991 3	763.39
10	0.113 7	−1.547 5	1.629 8	13.25 5	0.991 5	777.41
11	0.105 0	−5.888 3	2.320 9	15.28 2	0.991 9	820.16
12	0.100 9	−6.278 0	2.206 8	15.28 9	0.991 9	815.25
13	0.075 3	−4.159 0	1.341 2	11.937 6	0.992 0	829.84
14	0.038 4	−2.405 4	0.717 1	6.888 7	0.994 0	1 100.1
15	0.017 6	−1.012 0	0.145 1	3.002 6	0.994 4	1 190.5
16	0.010 2	−0.359 9	−0.050 6	1.222 0	0.990 3	678.02

从表 6–4 可以看出，16 个模型的相关系数 R^2 均大于 0.99，说明模型的拟

合优度较高，模型的可信度高。

6.5.3　仿真研究

（1）原料和仪器

①原料：活性染料 RR- 红、活性染料 RR- 黄、活性染料 RR- 蓝（德司达（南京）染料有限公司）；元明粉（Na_2SO_4）（四川省川眉芒硝有限公司）；18.45tex 纯棉织物；纯碱（Na_2CO_3）（山东海化股份有限公司）。

②仪器：H-24SE 打样机（厦门瑞比精密机械有限公司）；X752A 型分光光度计（SDL Atlax 公司）；SF600 型测色仪（瑞士 Data Color 公司）烧杯、容量瓶等。

（2）实验方法

①染色条件：

元明粉（%）：20；纯碱（%）：10；浴比：1∶10；染色温度：60 ℃。

②实验内容：

A. 测定活性染料 RR- 红、活性染料 RR- 黄和活性染料 RR- 蓝这 3 种活性染料各浓度梯度对 18.45tex 纯棉进行单染时的上染率，具体步骤如下：

将每种活性染料均配制成 0.01 % owf、0.03 % owf、0.05 % owf、0.08 % owf、0.1 % owf 的染液，分别对 18.45tex 纯棉织物进行染色，同时进行空白染色（不加染料，只加助剂溶液，以同样条件进行染色）。当染色时间达到 50 min 时，将织物自不同浓度的烧杯中取出，吸取残液各 5 mL，测出各自最大吸收波长处的吸光度，求取染料上染率。

B. 测定活性染料 RR- 红、活性染料 RR- 黄和活性染料 RR- 蓝这 3 种活性染料各浓度梯度对 18.45tex 纯棉进行混染时织物表面的反射率，具体步骤如下：

将这 3 种活性染料分为 5 档浓度对 18.45tex 纯棉进行混染：0.01 % owf、0.03 % owf、0.05 % owf、0.08 % owf、0.1 % owf。当染色时间达到 50 min 时，将织物自各组烧杯中取出，将各自织物烘干测量其表面反射率。

采用 DATACOLOR 分光测配色仪（型号 SF600X）、D_{65} 光源及 10° 视场标准观察者，在 400~700 nm 范围内以 $\Delta\lambda$=20 nm 测试样品的反射率。

（3）结果分析与讨论

这里应用来自小样染色实验的数据，其中，所有实验数据均通过离线获得，利用最小二乘法估计软测量模型的参数，并根据部分实验数据在计算机上对设计的基于卡尔曼滤波的软测量系统进行仿真研究。使用这里设计的软测量方法和离线使用分光光度计的人工测色方法对染机中织物色泽进行测量，并对采用卡尔曼滤波前后的软测量效果进行对比，其结果如表 6-5、表 6-6 和表 6-7 所示。

表6-5 染料配方为（活性染料RR-红0.02%owf，活性染料RR-黄0.02%owf，活性染料RR-蓝0.02%owf）

染色时间/min	离线实测值			滤波前模型值			滤波后估计值			色差值	
	$X/(0.02g\cdot L^{-1})$	$Y/(0.02g\cdot L^{-1})$	$Z/(0.02g\cdot L^{-1})$	$X/(0.02g\cdot L^{-1})$	$Y/(0.02g\cdot L^{-1})$	$Z/(0.02g\cdot L^{-1})$	$X/(0.02g\cdot L^{-1})$	$Y/(0.02g\cdot L^{-1})$	$Z/(0.02g\cdot L^{-1})$	UNDO	DO
5	52.34	51.79	54.51	51.91	52.48	57.76	51.23	50.96	54.37	3.80	1.17
10	51.04	50.48	53.44	50.87	51.32	56.50	50.37	50.06	53.53	3.42	0.90
15	49.91	49.42	52.52	49.39	49.70	54.76	49.01	48.70	52.33	2.88	0.90
20	49.85	49.48	52.83	48.71	48.96	53.95	48.40	48.08	51.77	2.39	0.99
30	48.09	47.66	51.18	47.52	47.49	51.95	47.37	46.81	50.05	1.48	0.66
50	46.51	46.13	50.11	46.20	46.05	50.33	46.13	45.55	48.83	0.70	0.97

表6-6 染料配方为（活性染料RR-红0.05%owf，活性染料RR-黄0.05%owf，活性染料RR-蓝0.05%owf）

染色时间/min	离线实测值			滤波前模型值			滤波后估计值			色差值	
	$X/(0.02g\cdot L^{-1})$	$Y/(0.02g\cdot L^{-1})$	$Z/(0.02g\cdot L^{-1})$	$X/(0.02g\cdot L^{-1})$	$Y/(0.02g\cdot L^{-1})$	$Z/(0.02g\cdot L^{-1})$	$X/(0.02g\cdot L^{-1})$	$Y/(0.02g\cdot L^{-1})$	$Z/(0.02g\cdot L^{-1})$	UNDO	DO
5	41.19	39.82	41.66	40.40	40.25	44.85	40.01	38.80	40.88	4.87	0.95
10	38.65	37.46	39.62	38.74	38.42	42.68	38.43	37.24	39.40	3.70	0.17

续　表

染色时间/min	离线实测值			滤波前模型值			滤波后估计值			色差值	
	$X/(0.02g\cdot L^{-1})$	$Y/(0.02g\cdot L^{-1})$	$Z/(0.02g\cdot L^{-1})$	$X/(0.02g\cdot L^{-1})$	$Y/(0.02g\cdot L^{-1})$	$Z/(0.02g\cdot L^{-1})$	$X/(0.02g\cdot L^{-1})$	$Y/(0.02g\cdot L^{-1})$	$Z/(0.02g\cdot L^{-1})$	UNDO	DO
15	35.65	34.51	36.84	36.66	36.11	39.93	36.52	35.29	37.43	2.86	0.74
20	34.64	33.60	36.06	35.53	35.01	38.98	35.43	34.35	36.94	2.70	0.61
30	34.35	33.39	36.23	34.67	34.15	38.24	34.59	33.63	36.56	2.21	0.22
50	33.28	32.37	35.44	33.37	32.81	36.86	33.34	32.46	35.66	1.78	0.22

表6-7　染料配方为（活性染料RR-红0.1%owf，活性染料RR-黄0.1%owf，活性染料RR-蓝0.1%owf）

染色时间（min）	离线实测值			滤波前模型值			滤波后估计值			色差值	
	$X/(0.02g\cdot L^{-1})$	$Y/(0.02g\cdot L^{-1})$	$Z/(0.02g\cdot L^{-1})$	$X/(0.02g\cdot L^{-1})$	$Y/(0.02g\cdot L^{-1})$	$Z/(0.02g\cdot L^{-1})$	$X/(0.02g\cdot L^{-1})$	$Y/(0.02g\cdot L^{-1})$	$Z/(0.02g\cdot L^{-1})$	UNDO	DO
5	30.80	29.07	30.08	30.92	30.61	35.24	30.70	29.32	31.16	7.26	1.79
10	29.49	27.97	29.44	29.28	28.71	32.53	29.18	27.70	29.21	4.93	0.30
15	28.62	27.22	28.78	27.80	27.11	30.59	27.75	26.33	27.91	3.98	0.85
20	25.72	24.39	26.12	26.68	25.91	29.16	26.68	25.30	26.93	3.52	0.94
30	26.54	25.37	27.58	25.84	25.10	28.41	25.85	24.59	26.54	2.47	0.91
50	24.64	23.52	25.87	24.88	24.17	27.57	24.89	23.78	26.11	2.44	0.29

从表 6–5、表 6–6 和表 6–7 可以看出，一方面，基于卡尔曼滤波的软测量的色泽估计值（*XYZ*）与离线实测值非常接近，两者的色差值除在染色时刻为 5 min 处的外，其他时刻的色差值均在 1.0（CIE LAB）以内，能够满足工艺要求。在 5 min 处估计偏差较大的主要原因是染色过程处于初期，各种化学反应激烈，*K/S* 值与染料浓度不满足线性关系，但此时的偏差并不会影响整个染色过程。另一方面，采用卡尔曼滤波算法的滤波效果明显。

6.5.4 结论

①采用卡尔曼滤波算法测定混合溶液中各染料的浓度，其估计值与实际加入量的平均绝对百分误差（MAPE）均小于 10，这表明设计的卡尔曼滤波算法能够有效地滤除干扰和噪声。同时，基于卡尔曼滤波的软测量方法的色泽估计值与人工离线测量值之间的色差值在 1.0（CIE LAB）之内，能够满足工艺要求，这表明该方法可以有效解决多染料间歇染色过程织物色泽在线测量的问题，为间歇式染色过程织物色泽的在线测控技术研究提供理论基础和研究经验。

②将基于卡尔曼滤波的软测量方法应用于实际的间歇式染色生产过程色泽在线测量中，是本研究课题的后续工作，其原理框图如图 6–5 所示。染液从染浴中被吸液管抽出，通过冷凝器进行冷却，进入分光光度计的比色皿，然后通过循环泵返回染浴，染色过程中染液需要不断循环。计算机通过分光光度计的数据接口，定时采集染液在各染料的最大吸收波长处的吸光度数值，然后采用基于卡尔曼滤波的软测量方法来预测染色机中织物色泽。间歇式染色过程织物色泽在线测量技术的实现，将使产品在出现质量偏差时能够及时得到控制，在保证产品质量的前提下，提高产品一次合格率，减少返工，达到节能减排的作用，具有很好的经济效益和应用前景。

③线性卡尔曼滤波器已经成为分析化学工作中多组分分析的主要技术，其理论依据是吸光度与染液浓度的关系满足 Lambert–Beer 定律。事实上，这种线性关系仅限于混合染液浓度低且忽略粒子间相互作用的条件下才成立，而混合染液浓度较高时，由于染料发生如离解、凝聚、缔合、水解等化学变化，分子间相互作用无法忽视，从而影响染液对光的吸收，导致吸光度与染液浓度的关系将偏离 Lambert–Beer 定律，同时不遵循吸光度的加和性，因此，当混合染液浓度较高时光度体系呈非线性关系，应当寻求能够反映实际系统并解决非线性滤波问题的算法，如扩展卡尔曼滤波、粒子滤波等，这将是今后的研究方向。

6.6　本章小结

本章对基于状态估计的间歇式染色过程织物色泽软测量系统设计进行了深入的研究，针对低浓度混合染料的间歇式染色过程的特点，设计了卡尔曼滤波算法，并对卡尔曼滤波算法的建模、参数选取以及具体计算步骤进行了详细的说明，解决了线性系统的状态估计问题，实现了间歇式染色过程织物色泽的在线测量。同时，对于非线性系统的状态估计，可采用扩展卡尔曼滤波、粒子滤波算法等非线性滤波算法。

第7章 基于粒子滤波的织物色泽软测量方法

本章提出了基于粒子滤波的软测量方法用于间歇式染色过程织物色泽在线测量。对于染料极性强、分子间相互作用无法忽视，染料易发生水解反应的混合染液，研究吸光度与各组分染料浓度的非线性模型和相应的非线性滤波算法，解决非线性光度分析系统的织物色泽的软测量问题。

7.1　引言

针对间歇式染色过程织物色泽无法在线测量的问题，提出应用软测量技术加以解决。目前，软测量技术已经在单一染料和低浓度混合染料的染色过程中得以应用并取得很好的效果。该技术以间歇染机中染液各组分染料浓度为辅助变量，织物色泽为主导变量，并设计卡尔曼滤波消除测量干扰，提高测量精度，完成对织物色泽的估计。但是，对于非线性光度分析系统，基于卡尔曼滤波的软测量方法已经无法得到很好的预测效果。因此，本研究提出基于粒子滤波的软测量方法用于解决非线性光度分析系统的织物色泽在线测量问题。在该方法中，主要研究内容是非线性光度系统的多组分染料浓度测定和织物色泽软测量模型建立。

Lambert-beer 定律是光度体系定量分析的基础，对于多组分混合体系，吸光度的加和性原理更是混合体系吸光度分析的依据。事实上，多组分混合体系其吸光度的线性加和性仅限于染液中各组分为彼此不存在相互作用的完全独立组分才成立。因此，对于染料极性强、分子间相互作用无法忽视，染料易发生水解反应的混合染液，必须研究吸光度与染料组分的非线性模型和相应的滤波算法。王强[①]、朱志臣[②] 等人采用扩展卡尔曼滤波器同时测定苯酚和邻氯苯酚，给出其非线性吸光度表达式，取得了良好的滤波效果。该方法在多组分混合体系的定量分析中具有一定创新性和参考价值，但是，EKF 算法是通过

① 王强，马沛生，汤红梅，等．扩展 Kalman 滤波器同时测定苯酚和邻氯苯酚[J]. 光谱学与光谱分析，2006,26(5):899-903.

② 朱志宇，戴晓强．基于改进边缘化粒子滤波器的机动目标跟踪[J]. 武汉理工大学学报，2008,30(6):118-121.

线性化方法来逼近非线性函数，容易引起滤波值和协方差阵的较大误差，从而使滤波器性能下降甚至造成滤波发散，并且都是基于高斯噪声假设。对于多组分混合体系较为复杂的非线性吸光度函数，EKF 算法存在难以求解其雅可比 (Jacobi) 矩阵的问题。针对复杂的非线性多组分分析，粒子滤波 (particle filtering，PF) 算法是克服 EKF 算法不足的有效方法。粒子算法作为一种基于蒙特卡罗 (Monte Carlo) 方法和贝叶斯 (Bayes) 估计思想的非线性滤波算法，摆脱了基于高斯噪声的约束条件，不依赖于非线性函数逼近方法，在处理非高斯非线性时变系统的参数估计和状态滤波问题方面有独到的优势，近年来在目标跟踪、语音信号处理、复杂工业过程故障诊断等领域都得到了成功的应用。本研究将采用粒子算法来测定混合染液中各染料浓度，并应用于间歇式染色过程织物色泽软测量，以提高测量精度和稳定性。

7.2 方案设计

本研究提出了基于粒子滤波的间歇式染色过程织物色泽在线测量方案，其基本框架如图 7–1 所示。

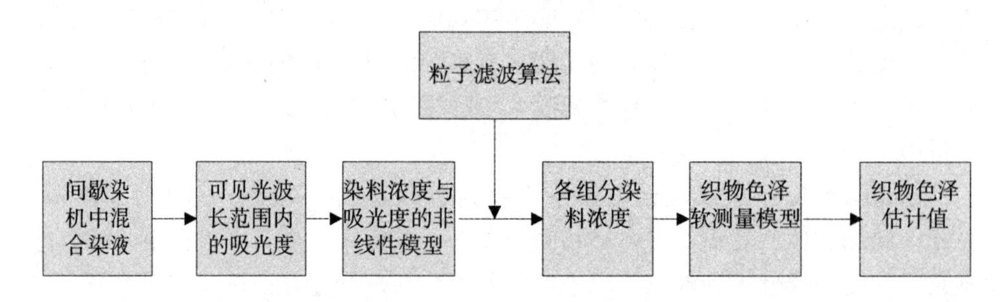

图 7–1　基于粒子滤波的织物色泽软测量的结构图

其测量原理是：首先，从间歇染机中连续或定时地提取适量染液至小料缸进行过滤、冷却，使用分光光度计对该染液进行测试和分析，得到其在可见光波长范围内的吸光度数值，建立染液吸光度与各组分染料浓度的非线性模型，在该模型的基础上，采用粒子滤波算法估计混合染液中各组分染料的浓度值；其次，以染料浓度为输入，织物色泽为输出，建立织物色泽软测量模型。通过该软测量模型来预测染机中织物色泽三刺激值 *XYZ*，并转换成 *RGB* 颜色仿真值在 CRT 显示器上显示出来，从而实现间歇式染色过程中织物色泽在线

测量的目标。

在本方案中，建立准确的染液吸光度与各组分染料浓度的非线性模型和织物色泽软测量模型，以及合理使用粒子滤波算法是关键问题。

7.3　粒子滤波算法概述

粒子滤波是一种基于递推贝叶斯估计和蒙特卡罗方法的统计滤波方法。其基本思想是用一组加权随机样本 (粒子) 经过预测与更新来逐渐逼近系统状态的后验概率密度函数，达到最优贝叶斯估计的效果。

7.3.1　贝叶斯估计

（1）贝叶斯定理

对于非线性系统，其模型可表示为

$$x_k = f\left(x_{k-1}\right) + \boldsymbol{v}_{k-1} \tag{7-1}$$

$$z_k = h\left(x_k\right) + n_k \tag{7-2}$$

公式 (7–1)(7–2) 中，v_k 和 n_k 分别为过程噪声和测量噪声，并且是相互独立、协方差分别为 Q_k 和 R_k 的零均值加性噪声；$f(.)$ 是系统状态的非线性函数，$h(.)$ 是非线性的观测函数。

假设 $\boldsymbol{Z}=[z_1,z_2,\cdots,z_m]$ 为独立同分布的可测量随机变量，每个变量有相对于未知参数 $\boldsymbol{X}=[x_1,x_2,\cdots,x_n]$ 的条件概率密度 $p(\boldsymbol{X}|\boldsymbol{Z})$，则未知参数 $\boldsymbol{X}$ 的后验概率密度为

$$p\left(\boldsymbol{X} \mid \boldsymbol{Z}\right) = \frac{p\left(\boldsymbol{Z} \mid \boldsymbol{X}\right) p\left(\boldsymbol{X}\right)}{p\left(\boldsymbol{Z}\right)} = \frac{p\left(\boldsymbol{Z} \mid \boldsymbol{X}\right) p\left(\boldsymbol{X}\right)}{\int p\left(\boldsymbol{Z} \mid \boldsymbol{X}\right) p\left(\boldsymbol{X}\right) \mathrm{d}\boldsymbol{X}} \tag{7-3}$$

公式 (7–3) 中，$p(\boldsymbol{Z}|\boldsymbol{X})$ 为给定参数 $\boldsymbol{X}$ 的数据后的似然函数，并且似然函数相对于变量 $\boldsymbol{X}$ 而言是唯一的；$p(\boldsymbol{X})$ 为未知参数 $\boldsymbol{X}$ 的概率密度，即先验分布，是根据先前的实践经验和认识在测量数据前确定的；$p(\boldsymbol{X}|\boldsymbol{Z})$ 为后验分布，是在测量数据后确定的。

由此看出，贝叶斯估计理论是将未知量 $\boldsymbol{X}$ 看作一个随机变量，并引入它的先验分布 $p(\boldsymbol{X})$。在没有测量数据可利用时，只能根据经验对 $\boldsymbol{X}$ 做出判断，即只使用先验分布 $p(\boldsymbol{X})$；但如果获得了观测数据，则可根据贝叶斯定理对

$p(\boldsymbol{X})$ 进行修正，即将先验分布与实际测量数据相结合得到后验分布 $p(\boldsymbol{X}|\boldsymbol{Z})$。

（2）贝叶斯递推滤波

最优贝叶斯估计的基本思想：利用系统模型预测从一个观测时刻到下一时刻的后验概率密度函数，然后利用最新的观测数据对这个后验概率密度函数进行修正。

假设已知从 1 到 k 时刻的观测值 $z_{1:k}$，$k-1$ 时刻以前状态的后验概率分布 $p(x_{1:k-1}|z_{1:k-1})$。对于 k 时刻状态的后验概率密度，其递推过程可表示如下：

状态预测：

$$p\left(x_k \mid z_{1:k-1}\right)=\int p\left(x_k \mid x_{k-1}\right) p\left(x_{k-1} \mid z_{1:k-1}\right) \mathrm{d} x_{k-1} \tag{7-4}$$

状态更新：

$$p\left(x_k \mid z_{1:k}\right)=\frac{p\left(z_k \mid x_k\right) p\left(x_k \mid z_{1:k-1}\right)}{\int p\left(z_k \mid x_k\right) p\left(x_k \mid z_{1:k-1}\right) \mathrm{d} x_k} \tag{7-5}$$

在得到后验概率密度函数 $p(x_k|z_{1:k})$ 后，可以计算出最小均方差意义下状态的最优估计和方差，即后验概率密度函数包含了状态量 x 的所有统计信息，如均值和方差。

$$\hat{\boldsymbol{x}}_k=\int x_k \cdot p\left(x_k \mid z_{1:k}\right) \mathrm{d} x_k$$

$$\operatorname{var}(x)=E\left(\left(x_k-\hat{x}_k\right)\left(x_k-\hat{x}_k\right)^{\mathrm{T}}\right)=\int\left(x_k-\hat{x}_k\right)\left(x_k-\hat{x}_k\right)^{\mathrm{T}} \cdot p\left(x_k \mid z_{1:k}\right) \mathrm{d} x_k$$

对于线性高斯系统，公式 (7–4)、(7–5) 中的概率密度函数 $p(.)$ 可由均值和方差表示。但是，对于非线性、非高斯系统，通常无法得到解析式来描述这样的概率密度函数。因此，需要采用近似算法来获得状态的贝叶斯估计，如蒙特卡罗方法。

7.3.2 蒙特卡罗方法

蒙特卡罗方法将积分值看成是某种随机变量的数学期望，并用采样方法加以估计。假设能够独立从状态 $x_{1:k}$ 的概率分布密度函数 $p(x_{1:k}|z_{1:k})$ 中抽取样本 $\left\{x_{1:k}^{(i)}\right\}_{i=1}^{N}$，则可以用样本值中相应分量 $\left\{x_k^{(i)}\right\}_{i=1}^{N}$ 的经验概率分布来近似表述边缘概率密度分布 $p(x_k|z_{1:k})$，即

$$p\left(x_k \mid z_{1:k}\right) \approx \hat{p}\left(x_k \mid z_{1:k}\right) = \frac{1}{N}\sum_{i=1}^{N}\delta\left(x - x_k^{(i)}\right) \tag{7-6}$$

公式（7–6）中，$\delta(.)$ 为狄拉克函数。

则关于 x 的函数 $g(x_k|z_{1:k})$ 的数学期望为

$$E\left(g\left(x_k \mid z_{1:k}\right)\right) = \int g\left(x_k\right)p\left(x_k \mid z_{1:k}\right)\mathrm{d}x_k \tag{7-7}$$

蒙特卡罗方法的估计值为

$$E\left(g\left(x_k \mid z_{1:k}\right)\right) = \frac{1}{N}\sum_{i=1}^{N}g\left(x_k^{(i)}\right) \tag{7-8}$$

其实质是根据后验概率分布产生随机样本值，利用样本值来逼近边缘后验概率 $p(x_k|z_{1:k})$。一般的，$p(x_{1:k}|z_{1:k})$ 是多变量的、非标准的，对于非线性滤波问题，通常很难直接从中进行采样。因此，需要重要性采样方法。

7.3.3　重要性采样

重要性采样原理是从一个容易采样的重要性函数 $q(x_{1:k}|z_{1:k})$ 中独立抽取样本，来逼近状态的概率密度函数。重要性函数是指概率分布与 $p(x_{1:k}|z_{1:k})$ 相同，概率密度分布已知且容易采样的分布函数。其中，令 $\boldsymbol{X}_k=[x_1,x_2,\cdots,x_k]$，$\boldsymbol{Z}_k=[z_1,z_2,\cdots,z_k]$。从重要性函数 $q(\boldsymbol{X}_k|\boldsymbol{Z}_k)$ 中采样粒子，则可以得到：

$$E\left(g\left(\boldsymbol{X}_k\right)\right) = \int g\left(\boldsymbol{X}_k\right)p\left(\boldsymbol{X}_k \mid \boldsymbol{Z}_k\right)\mathrm{d}\boldsymbol{X}_k = \int g\left(\boldsymbol{X}_k\right)\frac{p\left(\boldsymbol{X}_k \mid \boldsymbol{Z}_k\right)}{q\left(\boldsymbol{X}_k \mid \boldsymbol{Z}_k\right)}q\left(\boldsymbol{X}_k \mid \boldsymbol{Z}_k\right)\mathrm{d}\boldsymbol{X}_k \tag{7-9}$$

$$p\left(\boldsymbol{X}_k \mid \boldsymbol{Z}_k\right) = \frac{p\left(\boldsymbol{X}_k, \boldsymbol{Z}_k\right)}{p\left(\boldsymbol{Z}_k\right)} = \frac{p\left(\boldsymbol{X}_k, \boldsymbol{Z}_k\right)}{\int p\left(\boldsymbol{Z}_k, \boldsymbol{X}_k\right)\mathrm{d}\boldsymbol{X}_k} = \frac{p\left(\boldsymbol{X}_k, \boldsymbol{Z}_k\right)}{\int \frac{p\left(\boldsymbol{Z}_k, \boldsymbol{X}_k\right)}{q\left(\boldsymbol{X}_k \mid \boldsymbol{Z}_k\right)}q\left(\boldsymbol{X}_k \mid \boldsymbol{Z}_k\right)\mathrm{d}\boldsymbol{X}_k} \tag{7-10}$$

令

$$w_k = \frac{p\left(\boldsymbol{X}_k, \boldsymbol{Z}_k\right)}{q\left(\boldsymbol{X}_k \mid \boldsymbol{Z}_k\right)} \tag{7-11}$$

则

$$E\left(g\left(\boldsymbol{X}_k\right)\right) = \frac{\int g\left(\boldsymbol{X}_k\right)w_k q\left(\boldsymbol{X}_k \mid \boldsymbol{Z}_k\right)\mathrm{d}\boldsymbol{X}_k}{\int w_k q\left(\boldsymbol{X}_k \mid \boldsymbol{Z}_k\right)\mathrm{d}\boldsymbol{X}_k} \tag{7-12}$$

如果依重要性函数 $q(\boldsymbol{X}_k|\boldsymbol{Z}_k)$ 采样得 N 个独立同分布的粒子 $\left\{\boldsymbol{X}_k^{(i)}\right\}_{i=1}^{N}$ ，那么

$$q\left(\boldsymbol{X}_k \mid \boldsymbol{Z}_k\right) \approx \frac{1}{N}\sum_{i=1}^{N}\delta\left(\boldsymbol{X}-\boldsymbol{X}_k^{(i)}\right) \tag{7-13}$$

于是

$$E\left(g\left(\boldsymbol{X}_k\right)\right) \approx \frac{\frac{1}{N}\sum_{i=1}^{N} g\left(\boldsymbol{X}_k^{(i)}\right) w^{(i)}{}_k}{\frac{1}{N}\sum_{i=1}^{N} w^{(i)}{}_k} = \frac{1}{N}\sum_{i=1}^{N} g\left(\boldsymbol{X}_k^{(i)}\right)\bar{w}_k^{(i)} \tag{7-14}$$

公式（7–14）中，$\bar{w}_k^{(i)}$ 为归一化重要性权值，即

$$\bar{w}_k^{(i)} = \frac{w_k^{(i)}}{\sum_{i=1}^{N} w_k^{(i)}} \tag{7-15}$$

$$w_k^{(i)} = \frac{p\left(\boldsymbol{X}_k^{(i)}, \boldsymbol{Z}_k\right)}{q\left(\boldsymbol{X}_k^{(i)} \mid \boldsymbol{Z}_k\right)} \tag{7-16}$$

重要性采样方法等效于

$$p\left(\boldsymbol{X}_k \mid \boldsymbol{Z}_k\right) \approx \hat{p}\left(\boldsymbol{X}_k \mid \boldsymbol{Z}_k\right) = \sum_{i=1}^{N}\bar{w}_k^{(i)}\delta\left(\boldsymbol{X}_k - \boldsymbol{X}_k^{(i)}\right) \tag{7-17}$$

从公式 (7–16) 可以看出，每当获得新的观测值时，都必须重新计算重要性权重，不是递推计算，无法进行实时估计。因此，需要使用序列重要性采样算法。

7.3.4 序列重要性采样算法

序列重要性采样 (sequential importance sampling，SIS) 是重要性采样的扩展，其核心是实现重要性采样的递推估计。

由于重要性函数 $q(x_{1:k}|z_{1:k})$ 是一个分布函数，假设当前状态不依赖于将来的观测，即状态符合马尔科夫 (Markov) 过程，则重要性函数 $q(x_{1:k}|z_{1:k})$ 可写成如下形式：

$$q\left(x_{1:k} \mid z_{1:k}\right) = q\left(x_k \mid x_{1:k-1}, z_{1:k}\right) q\left(x_{1:k-1} \mid z_{1:k}\right) = q\left(x_k \mid x_{1:k-1}, z_{1:k}\right) q\left(x_{1:k-1} \mid z_{1:k-1}\right) \tag{7-18}$$

$$\begin{aligned} p\left(x_{1:k} \mid z_{1:k}\right) &= p\left(x_k, z_k, x_{1:k-1}, z_{1:k-1}\right) \\ &= p\left(z_k \mid x_k, x_{1:k-1}, z_{1:k-1}\right) p\left(x_k \mid x_{1:k-1}, z_{1:k-1}\right) p\left(x_{1:k-1}, z_{1:k-1}\right) \\ &= p\left(z_k \mid x_k\right) p\left(x_k \mid x_{k-1}\right) p\left(x_{1:k-1}, z_{1:k-1}\right) \end{aligned} \tag{7-19}$$

因此

$$\begin{aligned} w_k &= \frac{p\left(x_{1:k}, z_{1:k}\right)}{q\left(x_{1:k} \mid z_{1:k}\right)} = \frac{p\left(z_k \mid x_k\right) p\left(x_k \mid x_{k-1}\right)}{q\left(x_k \mid x_{1:k-1}, z_{1:k}\right)} \frac{p\left(x_{1:k-1}, z_{1:k-1}\right)}{q\left(x_{1:k-1} \mid z_{1:k-1}\right)} \\ &= \frac{p\left(z_k \mid x_k\right) p\left(x_k \mid x_{k-1}\right)}{q\left(x_k \mid x_{1:k-1}, z_{1:k}\right)} w_{k-1} \end{aligned} \tag{7-20}$$

$$w_k^{(i)} = \frac{p\left(z_k \mid x_k^{(i)}\right) p\left(x_k^{(i)} \mid x_{k-1}^{(i)}\right)}{q\left(x_k^{(i)} \mid x_{1:k-1}^{(i)}, z_{1:k}\right)} w_{k-1}^{(i)} \tag{7-21}$$

SIS 算法理论上给出状态估计的递推算法，但存在粒子数匮乏现象。随着迭代次数的增加，大部分粒子的权重变得非常小，失去粒子的多样性且容易导致滤波发散。为了降低粒子匮乏现象的影响，最有效的办法是采用重采样方法。

7.3.5　重采样

重采样（resampling）的基本思想是通过对粒子和相应权值表示的概率密度函数重新采样，减少权值小的粒子数，增加权值大的粒子数，以适应系统的动态变化。最常用的重采样方法是随机抽样方法。

随机抽样方法的过程：

（1）在 [0,1] 上均匀分布生成 N 个随机数

$$u_i = \frac{(i-1)+r}{N}, r \sim U[0,1] \tag{7-22}$$

（2）筛选粒子

$$\sum_{j=1}^{m-1} \overline{w}_k^{(j)} < u_j \leqslant \sum_{j=1}^{m} w_k^{(j)} \tag{7-23}$$

复制 m 个粒子 $x(i)$ 为重采样的粒子 $x'(i)$。

7.3.6 粒子滤波算法步骤

粒子滤波算法的基本步骤如下：

（1）选取重要性函数

$$q\left(x_k \mid x_{1:k-1}, z_{1:k}\right) = p\left(x_k \mid x_{k-1}\right) \tag{7-24}$$

（2）初始化采样粒子

根据重要性函数 $p(x_k|x_{k-1})$ 采样新粒子 $\{x_k^{(i)}\}_{i=1}^N$。

（3）预测粒子

$$x_{k|k-1}^{(i)} = f\left(x_{k-1|k-1}^{(i)}\right) + v_{k-1} \tag{7-25}$$

（4）计算重要性权值

$$w_k^{(i)} = p\left(z_k \mid x_{k|k-1}^{(i)}\right) w_{k-1}^{(i)} = p_{v_k}\left(z_k - h\left(x_{k|k-1}^{(i)}\right)\right) w_{k-1}^{(i)} \tag{7-26}$$

（5）状态估计输出

$$\hat{x}_{k|k} = \sum_{i=1}^{N} \bar{w}_k^{(i)} x_{k|k-1}^{(i)} \tag{7-27}$$

$$P_{k|k} = \sum_{i=1}^{N} \bar{w}_k^{(i)} \left(x_{k|k-1}^{(i)} - \hat{x}_{k|k}\right)\left(x_{k|k-1}^{(i)} - \hat{x}_{k|k}\right)^{\mathrm{T}} \tag{7-28}$$

（6）重采样算法

利用式 (7–22)(7–23) 重采样 N 个新的粒子。

（7）递推计算：置 $k=k+1$，转步骤（3）循环迭代。

粒子滤波算法的基本流程如图 7–2 所示。

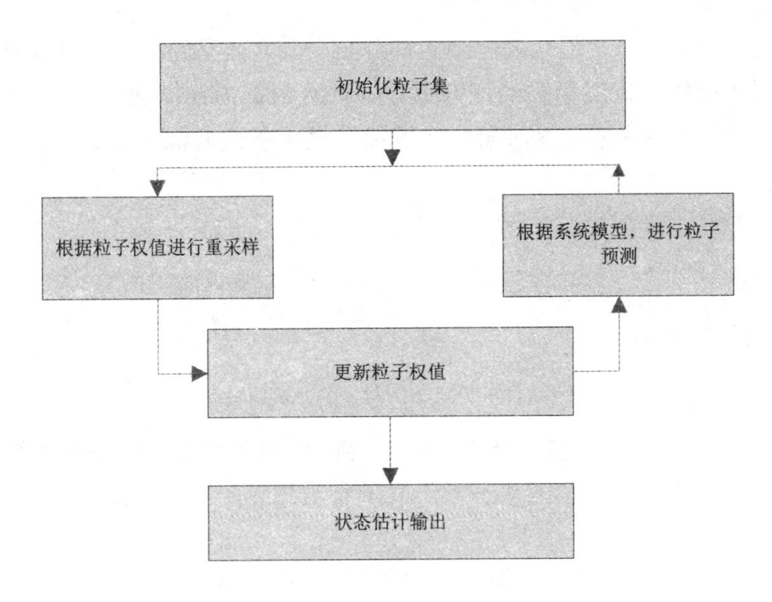

图 7-2　粒子滤波流程图

7.4　粒子滤波在间歇染色过程色泽软测量中的应用

7.4.1　基于粒子滤波的测定原理

（1）混合染液的非线性吸光度模型

三组分混合染液体系的吸光度表示为

$$\begin{aligned}A(\lambda)=&a_1(\lambda)c_1+a_2(\lambda)c_2+a_3(\lambda)c_3+a_4(\lambda)\sqrt{c_1}+a_5(\lambda)\sqrt{c_2}+a_6(\lambda)\sqrt{c_3}\\&+a_7(\lambda)\sqrt{c_1c_2}+a_8(\lambda)\sqrt{c_1c_3}+a_9(\lambda)\sqrt{c_2c_3}+a_{10}(\lambda)\sqrt{c_1c_2c_3}\end{aligned} \tag{7-29}$$

公式 (7-29) 分为四部分，前三项为混合系统中三组分各自的吸光度贡献，第四、五、六项表示染料自身对吸光度贡献的改变，第七、八和九项则是染料两两相互作用项，第十项则是三种染料相互作用项。式 (7-29) 就是我们对于混合染液体系非线性吸光度 (nonlinear absorbance) 定量分析的依据。

（2）粒子滤波算法设计

粒子滤波首先依据系统状态向量的经验条件分布在状态空间产生一组随机样本（粒子）的集合，然后根据观测值不断调整粒子的权重和位置，通过调整后粒子的信息修正最初的经验条件分布。其实质是由粒子及其权重组成的一组离散随机集合近似相关的概率分布，并且根据递推算法更新离散随机集合。当样本容量足够大时，这种蒙特卡罗描述就无限逼近状态变量的后验概率密度函数。

一般的非线性状态方程可以写为

$$\boldsymbol{x}(t+1)=f\left[\boldsymbol{x}(t),t\right]+\boldsymbol{w}(t) \tag{7-30}$$

观测方程可以写为

$$\boldsymbol{z}(t+1)=h\left[\boldsymbol{x}(t+1),t+1\right]+\boldsymbol{v}(t+1) \tag{7-31}$$

公式（7–30）（7–31）中，$\boldsymbol{x}(t)$、$\boldsymbol{z}(t)$ 分别为 t 时刻系统的状态向量及观测向量；$\boldsymbol{w}(t)$、$\boldsymbol{v}(t)$ 分别为系统状态噪声向量和观测噪声向量；$f(.)$、$h(.)$ 为非线性函数。

在光度分析中，将不同的波长 k 替代上述时刻 t，由于在吸光度测量过程中各组分的浓度不随波长 k 变化，因此，多组分光度分析体系的状态方程可写为

$$\boldsymbol{c}(k+1)=\boldsymbol{c}(k) \tag{7-32}$$

观测方程

$$\boldsymbol{A}(k+1)=h\left[\boldsymbol{c}(k+1),k+1\right]+\boldsymbol{v}(k+1) \tag{7-33}$$

公式（7–32）（7–33）中，$\boldsymbol{c}$(k)、$\boldsymbol{A}(k)$ 分别为波长为 k 时的染料浓度向量与吸光度向量；$h(.)$ 为混合体系吸光度与染料浓度的非线性函数，$\boldsymbol{v}(k)$ 为吸光度的观测噪声。滤波过程可具体描述为，设样品中含 n 种待测染料，可在 $m(m>n)$ 个波长下测量该样品溶液的吸光度。在任一波长 k 处可获得吸光度的非线性函数 $h_k(.)$，便可经给定的染料浓度初始方差向量开始，从中随机抽取 N 个初始粒子，并赋予权值，按贝叶斯准则进行更新迭代，利用更新后的一系列随机粒子的加权和来逼近染料浓度向量的验后概率密度，从而得到染料浓度向量的估计值。由此可见，该滤波算法实际上是根据各待测染料在一系列波长下的非线性函数，用样本重要性采样 (SIR) 递推公式，对混合染液在相同系列波长下测得的含噪声的吸光度进行滤波，求出其中所含的各待测染料浓度。具体递推过程如下：

①初始化：假设初始状态方差 $P(c_0)$，从中随机抽取 N 个样本 $\left\{\boldsymbol{c}_0^i\right\}_{i=1}^N$，$w_0^i=\dfrac{1}{N}$ $(i=1,\cdots,N)$。

②粒子预测：$\boldsymbol{c}_k^i=\boldsymbol{c}_{k-1}^i$。

③观测更新：在已获得观测值 $\boldsymbol{A}_k$ 的情况下，估计重要性权值系数：

$$w_k^i=w_{k-1}^i\frac{p\left(\boldsymbol{A}_k\mid\boldsymbol{c}_k^i\right)p\left(\boldsymbol{c}_k^i\mid\boldsymbol{c}_{k-1}^i\right)}{q\left(\boldsymbol{c}_k^i\mid\boldsymbol{c}_{1:k-1}^i,\boldsymbol{A}_{1:k}\right)}$$

一般地，选取重要性函数 $q\left(\boldsymbol{c}_k^i\mid\boldsymbol{c}_{1:k-1}^i,\boldsymbol{A}_{1:k}\right)=p\left(\boldsymbol{c}_k^i\mid\boldsymbol{c}_{k-1}^i\right)$，则

$$w_k^i=w_{k-1}^i p\left(\boldsymbol{A}_k\mid\boldsymbol{c}_k^i\right)$$

其中，$p\left(\boldsymbol{A}_k\mid\boldsymbol{c}_k^i\right)$ 的值可由观测方程得到，即

$$p\left(\boldsymbol{A}_k\mid\boldsymbol{c}_k^i\right)=\frac{p\left(\boldsymbol{c}_k^i,\boldsymbol{A}_k\right)}{p\left(\boldsymbol{c}_k^i\right)}=\frac{p\left(\boldsymbol{c}_k^i,\boldsymbol{v}\right)}{p\left(\boldsymbol{c}_k^i\right)}=p\left(\boldsymbol{v}\right)=p_v\left(\boldsymbol{A}_k-h_k\left(\boldsymbol{c}_k^i\right)\right)$$

其中，$p_v(.)$ 表示观测噪声 $v(k)$ 的概率密度函数。

归一化重要性权值：

$$\bar{w}_k^i=\frac{w_k^i}{\sum_{i=1}^{N}w_k^i}$$

④状态估计：验后概率密度近似估计以及状态估计

$$p\left(\boldsymbol{c}_k\mid\boldsymbol{A}_{1:k}\right)=\sum_{i=1}^{N}\bar{w}_k^i\delta\left(\boldsymbol{c}_k-\boldsymbol{c}_k^i\right)$$

$$\hat{\boldsymbol{c}}_{k|k}=\sum_{i=1}^{N}\bar{w}_k^i\boldsymbol{c}_{k|k-1}^i$$

⑤重采样：根据权值，分别复制高权值粒子，抛弃低权值粒子，从而重新产生 N 个粒子集 $\left\{\boldsymbol{c}_k^i\right\}_{i=1}^{N}$，$w_k^i=\dfrac{1}{N}$,i=1,⋯,N。

⑥递推计算：置 $k=k+1$，转步骤②循环迭代。

从粒子滤波算法的递推过程可以看出，基于粒子滤波的测定方法主要包括粒子更新、权值更新、状态估计、重采样 4 个步骤，如图 7–3 所示。

使用实验部分的 10 组验证样本数据进行滤波估计，在相同条件下采用扩展卡尔曼算法和粒子滤波算法分别测定混合染液染料浓度，并进行误差分析，其结果如表 7–1 所示。

从表 7–1 可以看出，PF 算法的滤波结果整体优于卡尔曼算法，同时得到

的均方误差都很小，所得的估计值接近于实际值，验证了本研究提出的利用PF算法对活性染料混合染料浓度进行测定的方法是可行的，是一种适用于非线性多组分体系光度分析的有效的滤波方法。

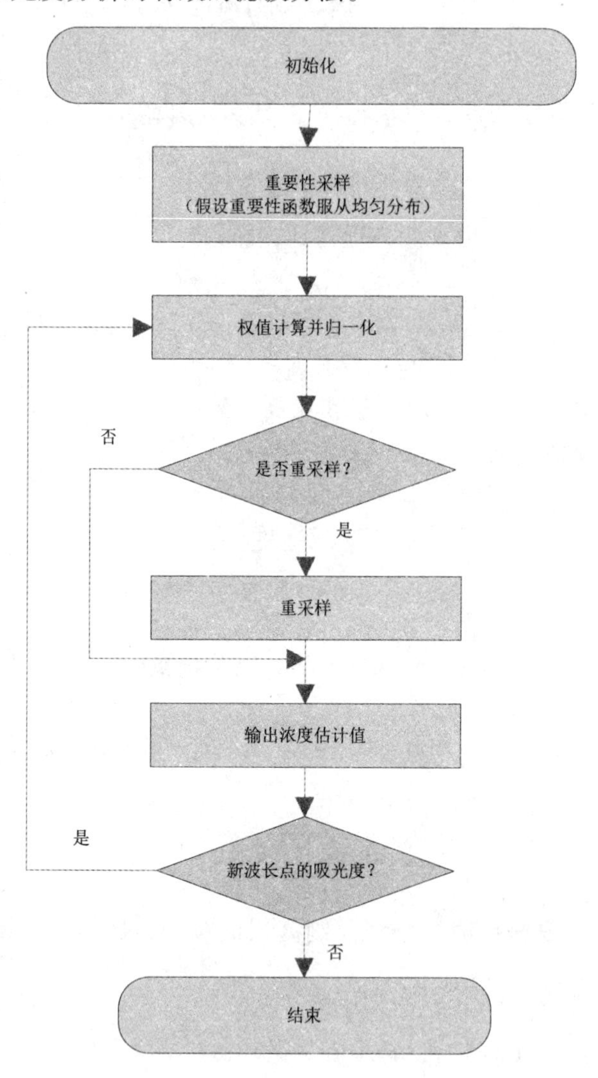

图 7-3　基于粒子滤波算法的测定方法

表7-1　不同染料配方的测定结果对比

原始配方 /(g · L⁻¹)			EKF 估计值 /(g · L⁻¹)			MSE	PF 估计值 /(g · L⁻¹)			MSE
3BS	3RS	*G*	3BS	3RS	*G*		3BS	3RS	*G*	
0.3	0.3	0.3	0.291 9	0.291 0	0.293 4	0.008 0	0.302 6	0.299 7	0.307 1	0.004 4
0.4	0.4	0.4	0.394 0	0.392 6	0.406 7	0.006 7	0.401 3	0.407 9	0.408 8	0.006 9
0.6	0.6	0.6	0.581 9	0.597 9	0.614 7	0.013 5	0.608 5	0.576 3	0.595 2	0.014 8
0.8	0.8	0.8	0.838 8	0.800 3	0.812 3	0.023 5	0.811 1	0.795 3	0.800 5	0.007 0
0.1	0.15	0.3	0.119 6	0.168 0	0.316 4	0.018 0	0.101 6	0.149 9	0.307 8	0.004 6
0.3	0.4	0.1	0.301 8	0.401 0	0.108 5	0.005 0	0.304 8	0.404 7	0.098 7	0.004 0
0.05	0.3	0.8	0.048 1	0.294 1	0.768 1	0.018 8	0.051 0	0.311 5	0.774 0	0.016 4
0.01	1.0	0.4	0.016 1	0.969 8	0.395 0	0.018 0	0.010 1	0.974 5	0.396 2	0.014 9
0.08	0.6	0.1	0.071 5	0.594 5	0.101 3	0.005 9	0.081 4	0.595 7	0.099 1	0.002 7
0.1	0.08	1.0	0.100 3	0.080 7	0.995 9	0.002 4	0.101 8	0.077 8	1.002 9	0.002 3

7.4.2　间歇式染色过程织物色泽软测量模型

间歇式染色过程织物色泽软测量模型结构图如图 7-4 所示。

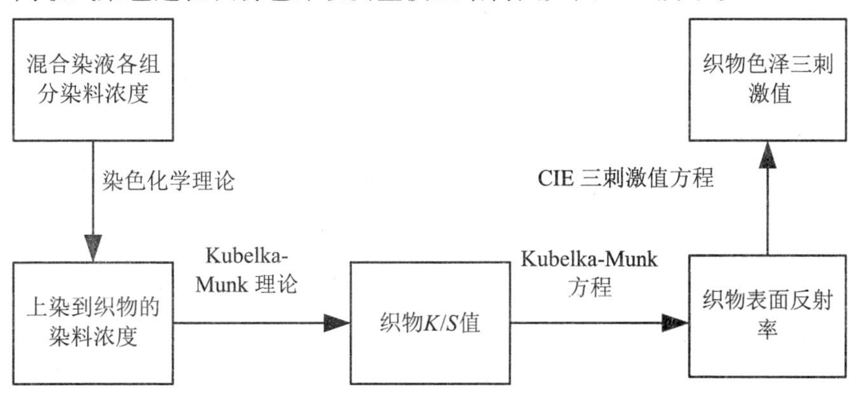

图 7-4　间歇式染色过程织物色泽软测量模型结构图

织物上的染料浓度与染液中染料浓度的关系可表示为

$$C_{\mathrm{f}} = \alpha\left(C_0 - C_{\mathrm{h}}\right) \tag{7-34}$$

公式（7–34）中，C_{f} 为织物上的染料浓度；C_0 为染料初始浓度；C_{h} 为染液中染料浓度；α是调整系数。

根据 Kubelka–Munk 理论，织物 K/S 值与染料浓度之间的关系可表示为

$$\boldsymbol{Q}_{\mathrm{s}} = \boldsymbol{B}_0 + \boldsymbol{b}_1 \cdot \boldsymbol{C}_{\mathrm{f}} = \boldsymbol{B}_0 + \boldsymbol{b}_1 \cdot \alpha(\boldsymbol{C}_0 - \boldsymbol{C}_{\mathrm{h}}) = \boldsymbol{B}_0 + \boldsymbol{B}_1(\boldsymbol{C}_0 - \boldsymbol{C}_{\mathrm{h}}) \tag{7-35}$$

公式（7–35）中，$\boldsymbol{Q}_{\mathrm{s}} = \left[\left(\dfrac{K}{S}\right)_{\mathrm{s}}(400)\left(\dfrac{K}{S}\right)_{\mathrm{s}}(420)\cdots\left(\dfrac{K}{S}\right)_{\mathrm{s}}(700)\right]^{\mathrm{T}}$ 为织物 K/S 值矩阵(波长范围为 400~700 nm，波长间隔为 20 nm)，$\boldsymbol{B}_0$ 与 $\boldsymbol{B}_1$（$\boldsymbol{B}_1$=$\boldsymbol{b}_1 \cdot \alpha$）分别为模型的拟合参数，如表 7–2 所示。

表7–2　模型参数和检验统计量

波长 /nm	模型参数				R^2
	b_0	b_1	b_2	b_3	
400	0.332 1	1.465 4	4.564 6	3.514 1	0.994 46
410	0.297 8	1.417	4.992 6	3.514	0.994 32
420	0.304 2	1.358 4	5.215 7	3.356 8	0.994 19
430	0.307	1.312 9	5.321 9	3.299 4	0.994 22
440	0.303	1.307 1	5.230 9	3.307 5	0.994 11
450	0.3	1.388 2	4.927 9	3.282 6	0.994 06
460	0.280 5	1.678 3	4.425 4	3.230 9	0.994 5
470	0.270 1	2.179 5	3.811 8	3.19	0.994 69
480	0.269 9	2.943 1	3.100 9	3.228 5	0.995 09
490	0.268 6	3.703 1	2.497 5	3.310 6	0.995 84
500	0.270 2	4.576 7	1.817 3	3.452 1	0.995 71
510	0.280 1	5.644 4	1.154 1	3.646 8	0.995 56
520	0.301 5	7.476 9	0.593 8	4.201 7	0.995 11
530	0.285 3	7.776 2	0.256	5.099 2	0.995 63

续　表

波长 /nm	模型参数				R^2
	b_0	b_1	b_2	b_3	
540	0.304 7	7.788 4	0.009 8	7.114 8	0.995 46
550	0.331 4	7.764 9	−0.137	7.424 6	0.994 92
560	0.332 5	7.423 7	−0.256 5	8.909 2	0.995 1
570	0.266 3	4.897 8	−0.287 2	10.645 5	0.996 32
580	0.144 5	2.951 9	−0.212 6	12.432 5	0.997 08
590	0.088 5	1.471 7	−0.115 3	13.594 9	0.996 95
600	0.066 7	0.716 7	−0.082 5	14.282 8	0.996 65
610	0.064 4	0.423 7	−0.045 5	14.595 6	0.996 9
620	0.061 2	0.289 9	0.000 1	14.760 9	0.996 91
630	0.074 4	0.269	0.035 1	14.483 8	0.997 35
640	0.059 2	0.272	0.133	13.340 1	0.997 03
650	0.017 9	0.268 5	0.204	10.924 6	0.995 56
660	0.024 8	0.218 6	0.211 4	7.741 5	0.995 38
670	0.043 5	0.145 7	0.171 4	4.625 6	0.996 82
680	0.035 4	0.088 9	0.119 3	2.772 3	0.997 88
690	0.023 8	0.054 4	0.08 1	1.746 7	0.998 32
700	0.009 4	0.030 7	0.049 2	1.014 4	0.998 45

根据 Kubelka–Munk 方程，K/S 模型可以表示如下：

$$\left(\frac{K}{S}\right)_s(\lambda)=\frac{\left[1-r(\lambda)\right]^2}{2r(\lambda)} \tag{7-36}$$

公式（7–36）中，$r(\lambda)$ 为织物在波长 λ 处的反射率。

根据公式 (7–35), 某一波长 λ 处的反射率为

$$r(\lambda)=\left[\left(\frac{K}{S}\right)_{\mathrm{s}}(\lambda)+1\right]-\sqrt{\left[\left(\frac{K}{S}\right)_{\mathrm{s}}(\lambda)+1\right]^{2}-1} \tag{7-37}$$

由色度学可知，三刺激值公式为

$$\begin{bmatrix} X \\ Y \\ Z \end{bmatrix}=k_{10}\cdot\Delta\lambda\cdot\boldsymbol{T}\cdot E\cdot\boldsymbol{R} \tag{7-38}$$

公式（7–38）中，k_{10} 为归化系数，$\Delta\lambda$ 为波长间隔；$\boldsymbol{T}$ 为 CIE 的光谱三刺激值，$\boldsymbol{E}$ 为标准照明体 D_{65}，$\boldsymbol{R}$ 为反射率矩阵。

联立式 (7–34) ~ 式 (7–38), 织物色泽三刺激值可由染料浓度 $\boldsymbol{C}_0$、$\boldsymbol{C}_{\mathrm{h}}$ 表示如下：

$$\begin{bmatrix} X \\ Y \\ Z \end{bmatrix}=\boldsymbol{G}\cdot\begin{bmatrix} \left[\boldsymbol{B}_{0(1)}+\boldsymbol{B}_{1(1)}\cdot(\boldsymbol{C}_0-\boldsymbol{C}_{\mathrm{h}})+1\right]-\sqrt{\left[\boldsymbol{B}_{0(1)}+\boldsymbol{B}_{1(1)}\cdot(\boldsymbol{C}_0-\boldsymbol{C}_{\mathrm{h}})+1\right]^2-1} \\ \left[\boldsymbol{B}_{0(2)}+\boldsymbol{B}_{1(2)}\cdot(\boldsymbol{C}_0-\boldsymbol{C}_{\mathrm{h}})+1\right]-\sqrt{\left[\boldsymbol{B}_{0(2)}+\boldsymbol{B}_{1(2)}\cdot(\boldsymbol{C}_0-\boldsymbol{C}_{\mathrm{h}})+1\right]^2-1} \\ \left[\boldsymbol{B}_{0(16)}+\boldsymbol{B}_{1(16)}\cdot(\boldsymbol{C}_0-\boldsymbol{C}_{\mathrm{h}})+1\right]-\sqrt{\left[\boldsymbol{B}_{0(16)}+\boldsymbol{B}_{1(16)}\cdot(\boldsymbol{C}_0-\boldsymbol{C}_{\mathrm{h}})+1\right]^2-1} \end{bmatrix} \tag{7-39}$$

公式（7–39）中，$\boldsymbol{G}=k_{10}\cdot\Delta\lambda\cdot\boldsymbol{T}\cdot\boldsymbol{S}$ 是常量，$\boldsymbol{B}_0(i)$、$\boldsymbol{B}_1(i)(i=1,2,\cdots,16)$ 分别为 $\boldsymbol{B}_0$、$\boldsymbol{B}_1$ 的第 i 行矩阵。

从式（7–39）可以看出，当所选用染料的初始浓度 $\boldsymbol{C}_0$ 给定后，只要能够检测间歇染机中染液各组分染料浓度 $\boldsymbol{C}_{\mathrm{h}}$，即可完成对织物色泽三刺激值的估计。

7.4.3 仿真研究

为了评价基于粒子滤波的软测量方法的测量精度，采用 10 个样本用于测试。采用 CIE 1976 $L^*a^*b^*$色差公式评价样本的色差。基于粒子滤波的软测量方法色泽三刺激值的估计值及其与实测值间的色差如表 7–3 所示。从表 7–3可知，基于粒子滤波的软测量方法的效果明显优于未使用滤波算法的测量效果，并且色差在容限之内。因此，基于粒子滤波的软测量方法应用于间歇式染色过程织物色泽在线测量是可行的。

表7-3　基于粒子滤波的软测量方法结果分析

染色配方/(g·L^{-1})	实测颜色值			未滤波			使用 PF			色差值	
	X	Y	Z	X	Y	Z	X	Y	Z	无	P_F
(0.3,0.3,0.3)	10.365	11.033	13.86 9	10.965	11.861	14.859	10.346	11.019	14.213	1.906 2	0.865 1
(0.6,0.6,0.6)	7.146	7.471	8.493 6	7.5908	7.196 4	9.138 3	7.219	7.656 1	8.734 9	3.117 5	1.188 8
(1,1 ,1)	4.068 4	4.27	5.638 8	4.2535	4.474 5	5.814 1	4.122 8	4.281 6	5.637 2	0.731 52	0.623 2
(0.4,0.3,0.15)	13.797	12.998	14.583	14.815	14.343	17.157	13.944	13.22	15.329	2.907 5	1.290 5
(0.3,0.4,0.1)	17.243	17.461	14.527	17.786	17.114	15.1	17.148	17.304	14.704	1.049 8	0.861 6
(0.6,0.8,1)	4.212 5	4.721 7	7.293 2	4.4142	4.996 4	7.597 1	4.332 9	4.907 1	7.554 2	1.045 1	0.865 4
(2,1,0.8)	3.939	3.587 5	4.930 4	4.086	3.648 7	5.219	3.978 7	3.568 6	5.015 8	1.567 7	1.019 5
(1,2,0.6)	5.338 6	5.397 9	4.443 5	5.4779	5.526 8	4.406	5.258 4	5.329 4	4.252 7	0.878 36	0.722 5
(0.03,0.15,1)	5.414 8	7.743 8	11.233	5.5227	7.688 5	11.298	5.461 7	7.811	11.162	1.876 5	0.506 5
(0.6,0.15,0.05)	18.93 7	14.639	18.161	20.903	17.731	20.491	19.739	15.46	19.041	3.572 5	1.370 1

7.4.4 结论

基于非线性吸光度的数学模型，采用粒子滤波算法测定混合溶液中各组分染料的浓度，其估计值与实际加入量的平均绝对百分误差（MAPE）均小于 10，这表明设计的粒子滤波算法能够有效地滤除测量过程中的干扰和噪声。同时，基于粒子滤波的软测量方法的色泽估计值与人工离线测量值之间的色差值在 1.0（CIE LAB）之内，能够满足工艺要求，这表明基于粒子滤波的软测量方法可以有效地解决混合染料间歇式染色过程非线性系统织物色泽在线测量的问题，能够为间歇式染色过程织物色泽的在线测控技术研究提供理论基础和研究经验。

7.5 本章小结

本章介绍了基于蒙特卡罗的贝叶斯滤波，即粒子滤波算法的基本理论，详细介绍了包括贝叶斯原理、蒙特卡罗方法、重要性采样、序列重要性采样以及重采样方法等主要步骤，最后给出了粒子滤波的一般算法框架。针对高浓度混合染料的间歇式染色过程非线性系统的织物色泽的软测量问题，提出了基于粒子滤波的软测量方法。在应用该方法过程中，得出以下结论：

①基于非线性吸光度数学模型，将粒子滤波方法应用于活性染料混合染液浓度的测定。实验结果表明，该方法的滤波效果优于卡尔曼滤波，提高了测量精度。

②粒子滤波算法的滤波效果不但依赖于状态方程和观测方程的准确性，还与状态初始概率选取问题、重采样方法紧密相关。状态初始概率分布，即先验分布，是根据先前的实践经验和认识在得到测量数据前确定的，因此，对于如何确定其概率密度分布，没有一个统一可行的方法。本研究假设其重要性函数服从均匀分布，选取合适的均值和方差进行采样。同时，对于重采样问题，必须兼顾滤波精度与实时性的关系。如果精度要求高了，采样粒子数就需增加，计算量将增大，实时性较差，从而制约其在线估计的应用。因此，在实际应用中，还应考虑研究如何选择合适的粒子数目，提高滤波效率。

织物色泽在线监测系统

开发思路：首先，使用分光光度计测定来自间歇染机的染液在可见光波长范围内的吸光度数值，并通过串口通信将测得的吸光度数据上传至计算机；其次，基于吸光度模型，采用滤波算法测定多组分染液浓度；最后，通过织物色泽软测量模型来估计织物色泽三刺激值，并由颜色仿真算法转换成 CRT 显示器的 RGB 颜色仿真值。在染色过程中，染料由于逐渐吸附上染到织物上，在染液中的浓度不断降低。因此，对染液进行连续或定时采样，通过分光光度计测试染液吸光度的变化来估计各组分染料浓度，再根据织物色泽软测量模型，就可以获得染机内织物色泽信息，实现对染色加工过程的产品质量的实时监控。

织物色泽在线监测设备设计主要包括间歇染色机改造、分光光度计改造以及信息管理系统（数据采集与处理系统）开发，如图 8-1 所示。

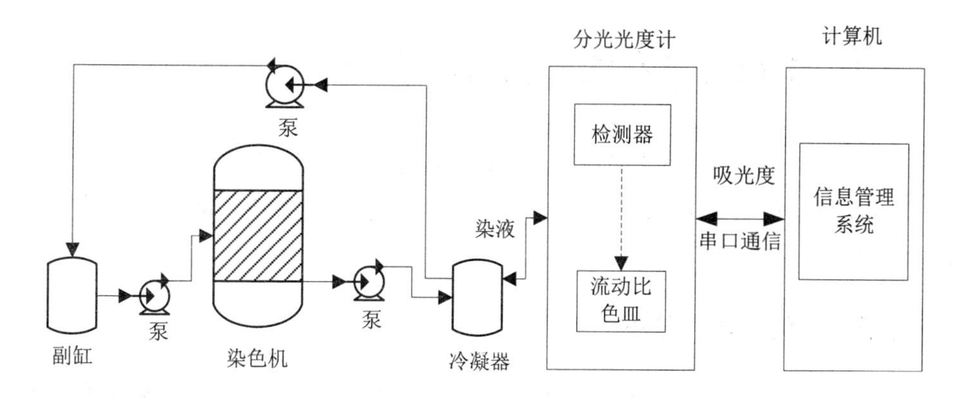

图 8-1　染色过程织物色泽在线监测系统

8.1　织物色泽在线监测硬件设计

（1）间歇染机

采用常规的常压常温小型染色机。

（2）冷凝器

将 1 ～ 2 m 不锈钢毛细管弯曲成螺旋状，放入带有循环冷却水的瓶中，组成冷却装置，以确保测试结果稳定。

（3）循环泵

使用常规的 HL 型蠕动泵（恒流泵），配用内径为 1 mm 和 3 mm 的硅胶导管，流量为 600 mL /h。在染色过程中，染液需要不断循环。

（4）分光光度计

采用上海菁华 72 系列可见光分光光度仪（723PC）和流动比色皿。

（5）数据采集与处理系统

将分光光度计通过 RS-232 接口与计算机相连接，开发数据采集软件安装在计算机上，自动记录染液吸光度的实时数据。数据采集速度可根据染料的上染速率设定，一般可每 10 ～ 30 s 采样一次，染色完成后，保存数据，并对数据进行处理，计算染液各组分浓度。然后根据织物色泽软测量模型，得到织物色泽三刺激值 *XYZ*，实现间歇染色过程织物色泽的在线测量。

8.2 织物色泽在线监测管理系统

织物色泽在线监测管理系统以 Visual Basic 作为运行平台，同时利用 Access 数据库作为后台数据处理工具，以实现染色过程中数据采集、存储和处理等功能。

8.2.1 系统需求分析

根据生产实际情况需要和项目功能需求，构造一个可执行的软件系统模型，对系统模型不断论证，逐渐增加系统必须具备的性能，直到所有功能和性能得到满足。织物色泽在线监测管理系统需求包括以下 5 个方面：

① 用户权限管理，包括操作权限和修改参数权限，实现系统不同级别的权限管理。

② 生产订单信息管理，包括生产批次号、织物类型、染料配方等，便于历史记录查询和模型参数确定。

③ 状态监测管理，包括数据采集及方式选择、数据存储、处理及显示等，方便操作。

④ 历史记录查询，包括统计记录、查询生产异常情况等，便于工艺分析。

⑤ 参数配置管理，包括新增织物类型、染料类型、更新模型参数等，便于完善系统功能。

8.2.2　系统总体框架

根据系统需求分析，对织物色泽在线监测管理系统的功能模块进行设计，其主要模块和业务流程如图 8-2 所示。

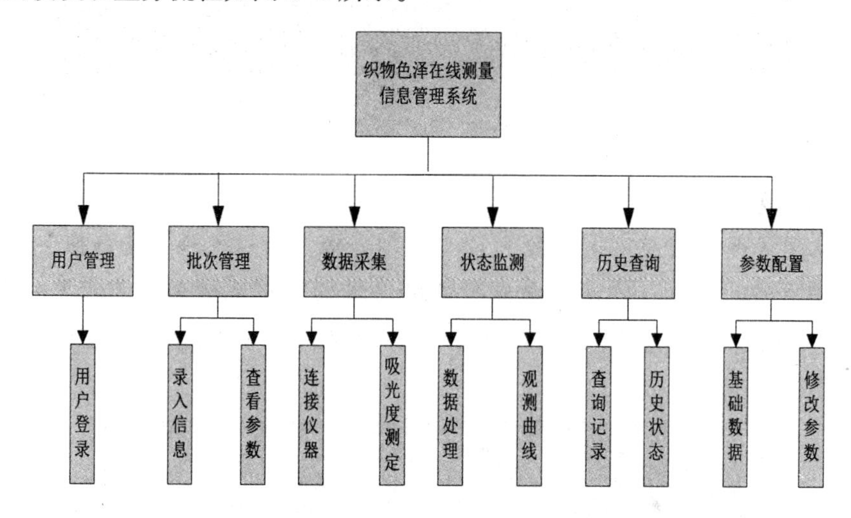

图 8-2　织物色泽在线监测管理系统流程图

8.2.3　系统功能模块设计

织物色泽在线监测管理系统的主要功能模块包括用户管理、批次管理、状态监测、数据采集、历史查询和参数配置等 6 部分。

（1）用户管理

用户管理，即权限管理，如图 8-3 所示。

图 8-3　用户管理界面

（2）批次管理

批次管理主要包括生产批次号、织物选择、染料选择、染料配方和标样颜色等信息的录入，为记录查询和数据处理提供基础数据，如图 8-4 所示。同时，可以查看不同配方和工艺条件下的计算参数，避免数据处理出错，如图 8-5 所示。

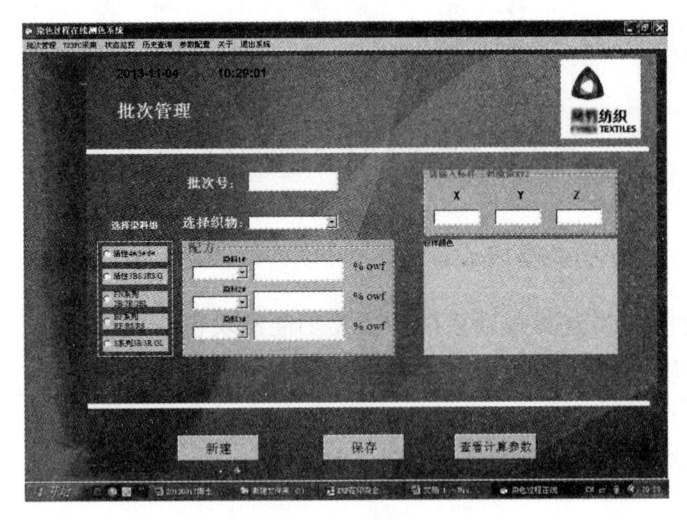

图 8-4　批次管理界面

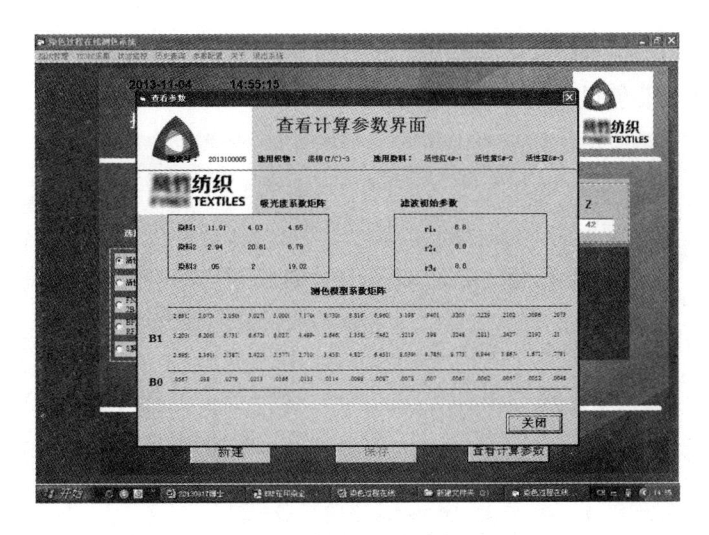

图 8-5　查看参数界面

（3）数据采集

数据采集包括连接仪器（分光光度计）、仪器初始化（调满度和调零）和吸光度测定（单点测定、光谱扫描和三点扫描），用于实时采集染液吸光度，并计算实时染料浓度，如图 8-6 所示。

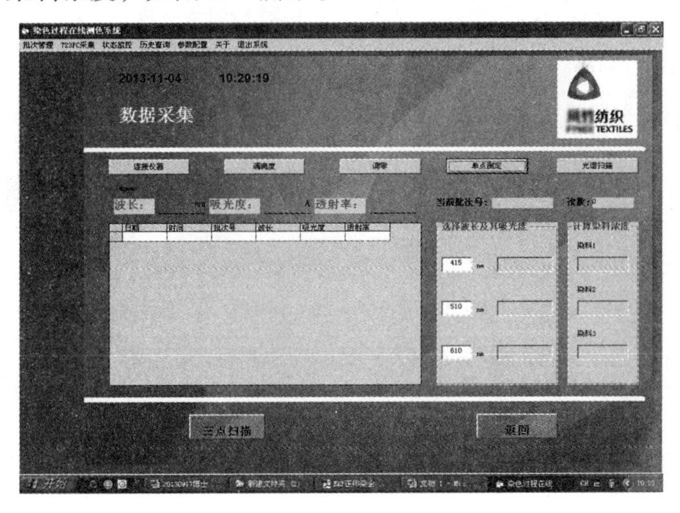

图 8-6　吸光度采集界面

（4）状态监测

状态监测主要对所采集的染液吸光度进行数据处理，以得到染料浓度、织物颜色等信息，如图 8-7 所示。同时绘制染料的实时上染率曲线和色差曲线，观察整个染色过程，如图 8-8 和图 8-9 所示。

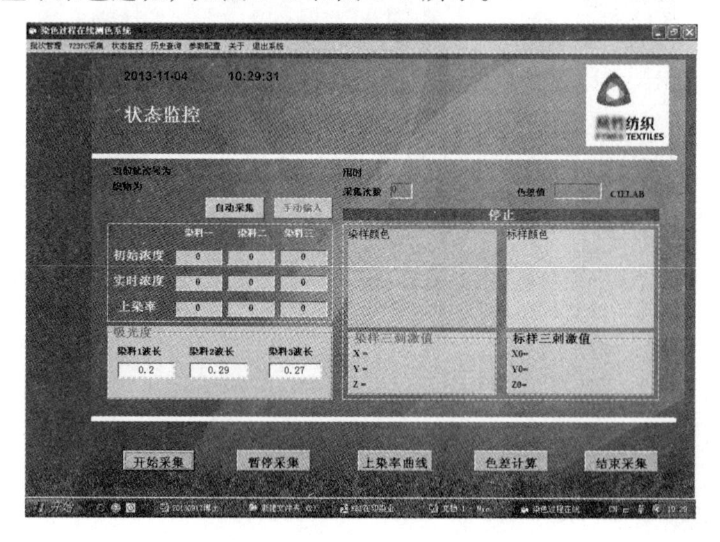

图 8-7　状态监测界面

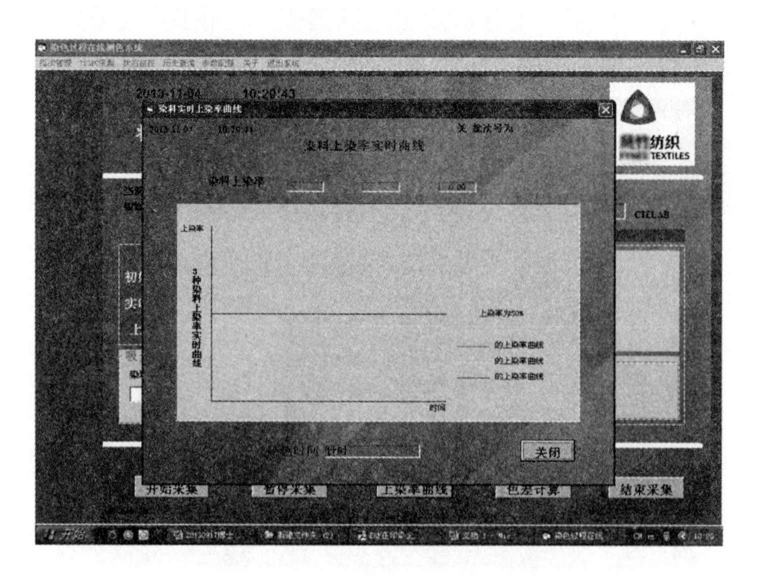

图 8-8　实时上染率曲线界面

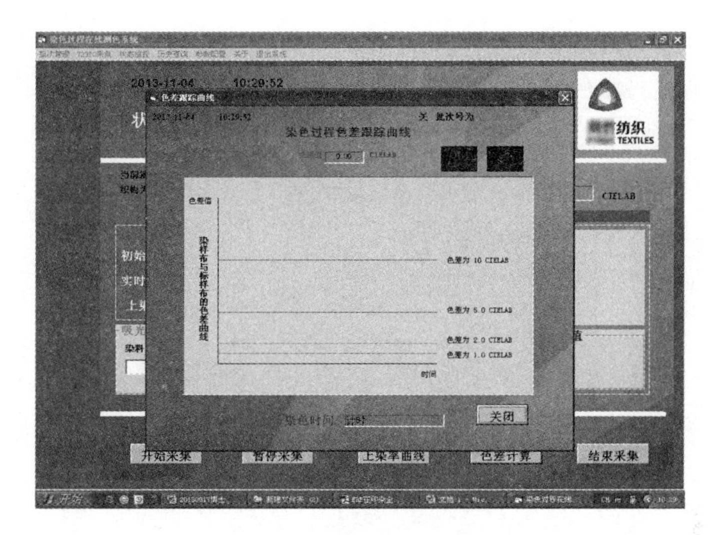

图 8-9　实时色差曲线界面

（5）历史查询

历史查询主要包括生产记录查询和批次的历史状态查询（上染率历史曲线和色差历史曲线），如图 8-10、图 8-11 和图 8-12 所示。

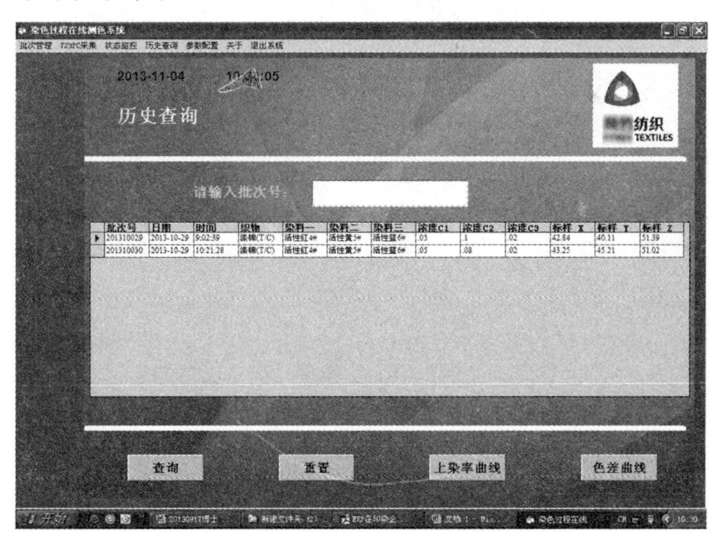

图 8-10　生产记录查询界面

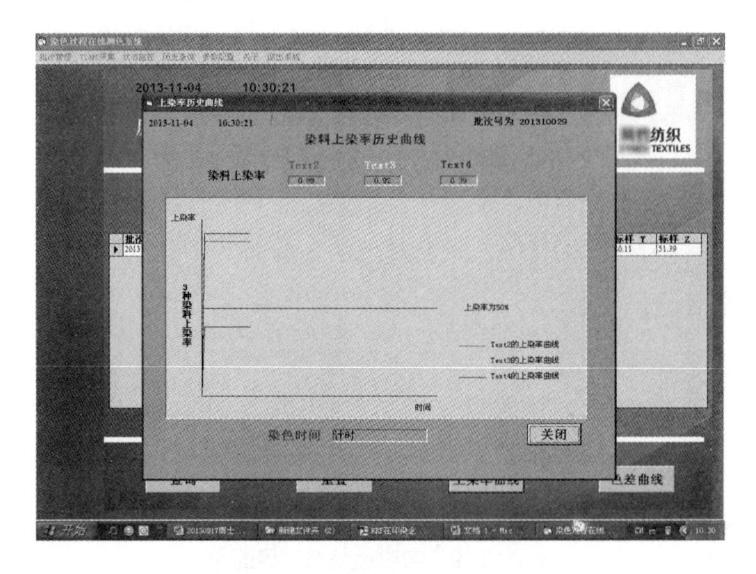

图 8-11　上染率历史曲线界面

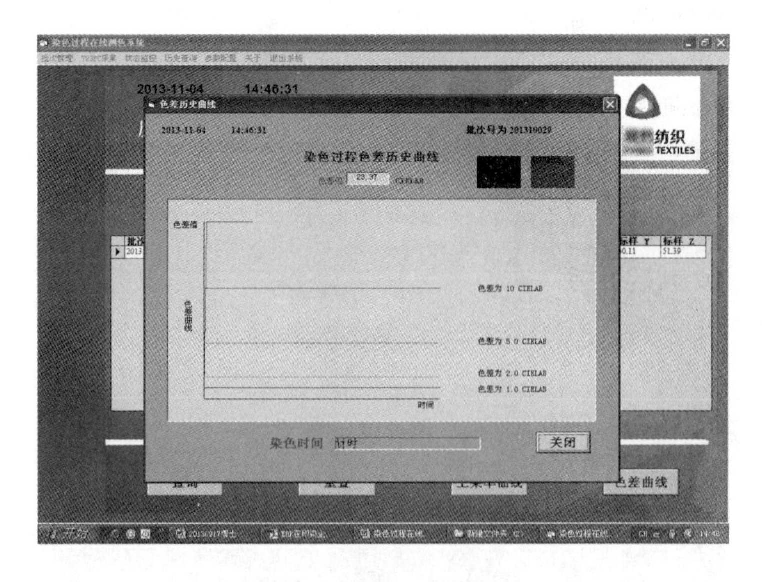

图 8-12　色差历史曲线界面

（6）参数配置

参数配置主要包括权限管理、织物类型、染料类型、模型系数（吸光度模型和测色模型）、滤波参数等的设置，如图 8-13 至图 8-16 所示。

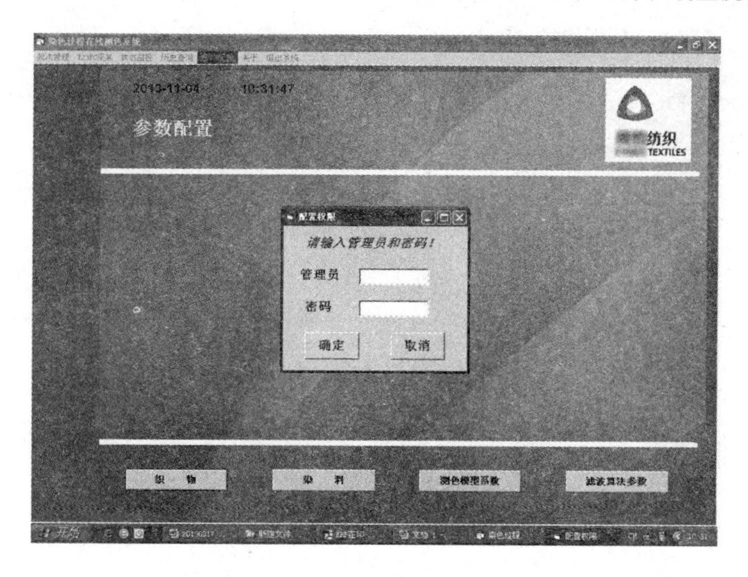

图 8-13　参数配置权限管理界面

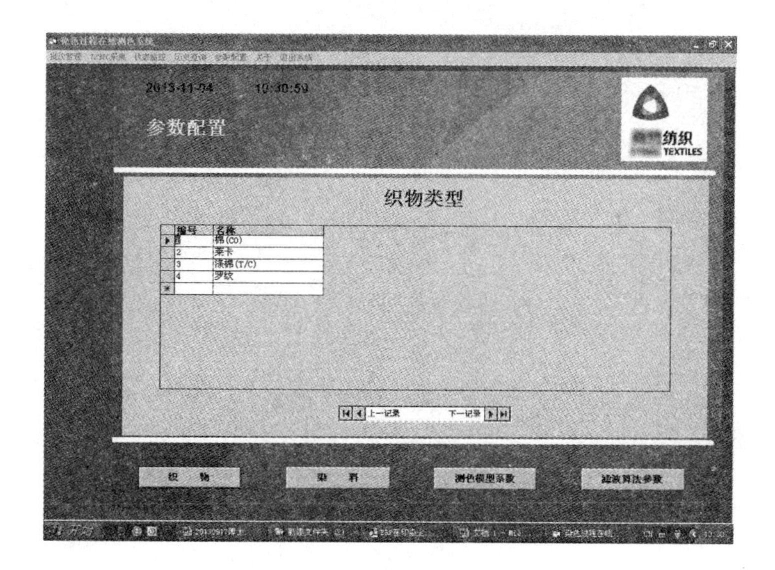

图 8-14　织物类型配置界面

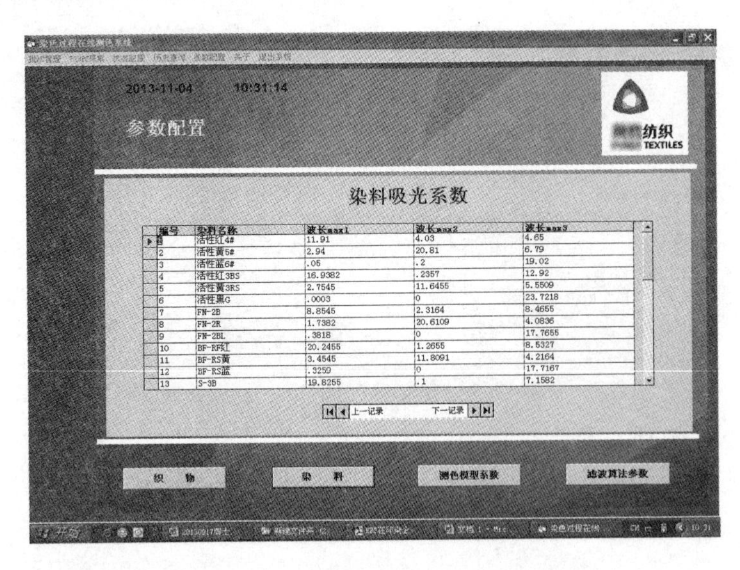

图 8-15　染料类型及其参数配置界面

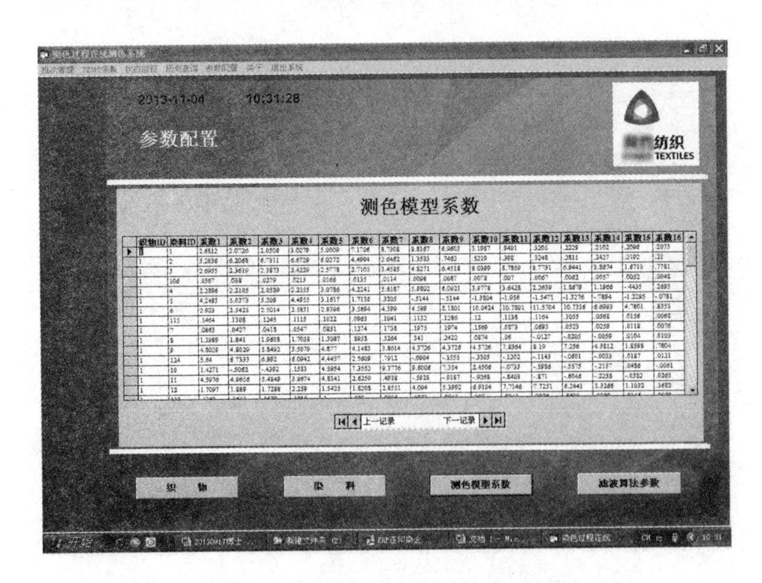

图 8-16　测色模型系数配置界面

8.3　织物色泽在线监测系统在线测试及分析

间歇染色过程织物色泽在线监测装置及系统的实物，如图 8-17 所示。设计染色实例对该系统的可行性和有效性进行验证，并进行结果分析。

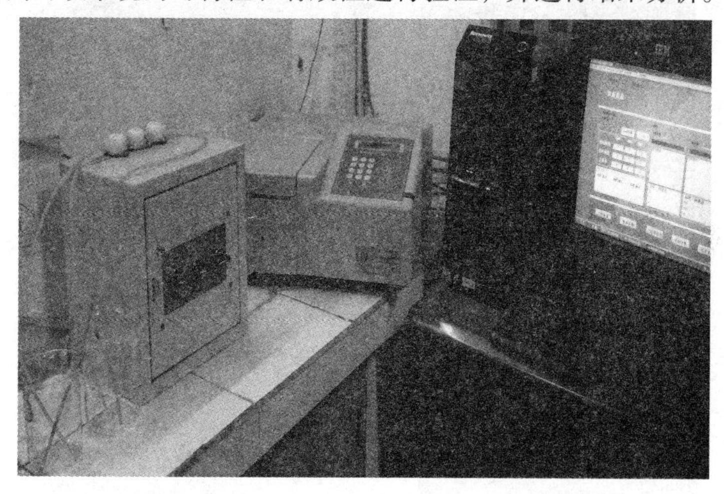

图 8-17　织物色泽在线监测装置及系统的实物图

8.3.1　实验室小样在线测试

（1）仪器设备

H-24SF 小样染色机（厦门瑞比精密机械有限公司），如图 8-18 所示；SF600 型测色仪（瑞士 Data color 公司），如图 8-19 所示。

图 8-18　实验室小样染色机

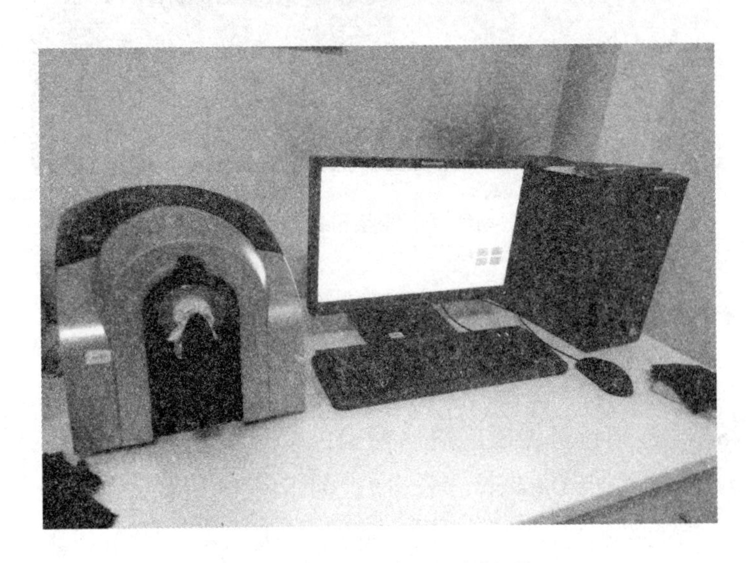

图 8-19　Data color 测色仪

（2）测试方法

① 染色工艺要求

浴比为 1∶10，染色温度为恒温 60 ℃。

待测试小样的具体信息及染色工艺配方如表 8-1 所示。

表8-1　待测试小样信息及工艺配方

测试序号	色号	颜色	织物	工艺	配方（染料及助剂）				
					c_1 /(%owf)	c_2 /(%owf)	c_3 /(%owf)	元明粉 /(g·L^{-1})	纯碱 /(g·L^{-1})
1	FZC222132	棕色	C32S 汗布	一浴染色	0.05	0.06	0.01	20	1.2
2	FZC222144	深棕	C32S 汗布	一浴染色	0.06	0.15	0.03	20	1.2
3	FZC222156	灰色	C32S 汗布	一浴染色	0.1	0.05	0.1	20	1.2
4	FZC222187	黑色	C32S 汗布	一浴染色	0.96	0.38	8.0	70	8.5
5	FZC300118	淡蓝	C32S 汗布	一浴染色	0.02	0.01	0.04	10	1.0
6	FZC300451	粉红	C32S 汗布	一浴染色	0.06	0.02	0.01	10	1.0
7	FZC300587	粉兰	C32S 汗布	一浴染色	0.01	0.14	0.05	20	1.2
8	FZC302562	彩兰	C32S 汗布	一浴染色	0.178	0.01	1.62	60	8.0
9	FZC302537	玫红	C32S 汗布	一浴染色	8.4	0.64	0.16	80	8.0
10	FZC303421	浅灰	C32S 汗布	一浴染色	0.12	0.05	0.06	10	1.0

注：C32S 表示纯棉 32 支，棉纱的细度。

② 测试内容

按照工艺配方要求，按每个配方分别配制 7 份相同染液，均对织物在 H-24SF 打样机上进行染色，当染色时间为 5、10、15、20、30、40、50 min 时，将织物自 7 个烧杯中取出，同时吸取残液各 5 mL，在 400 ～ 700 nm 范围内 ($\Delta\lambda$=5 nm) 采用 X752A 型分光光度计测定残液的吸光度，测定染料浓度，进而计算织物色泽的在线测量值。

将取出的织物烘干，采用 SF600 型测色仪、D_{65} 光源及 10° 视场标准观察者，在 400 ~ 700 nm 范围内以 Δλ=20 nm 测试样品的反射率，计算织物色泽的离线实测值。

（3）测试结果

在实验室小样染色机上进行在线测试，通过织物色泽在线监测系统，完成对 10 个小样染色过程的在线测试，并对在线测量值和离线测量值进行对比，部分在线测试结果如表 8-2、表 8-3 和表 8-4 所示。

表8-2　配方为0.05%owf，0.06%owf，0.01%owf的小样染色过程在线测试结果

染色时间/min	离线实测值			在线测量值			色差值（CIE LAB）
	X	*Y*	*Z*	*X*	*Y*	*Z*	
5	56.700	55.344	58.723	56.848	54.890	58.240	1.482 3
10	53.481	51.540	48.361	53.770	51.420	48.113	1.063 0
15	51.708	49.460	46.047	58.003	49.438	45.884	0.847 2
20	50.595	48.150	44.640	50.840	48.133	44.504	0.712 4
30	49.356	46.676	43.144	49.442	46.560	48.993	0.560 6
40	48.755	45.947	48.475	48.686	45.709	48.284	0.502 8
50	48.441	45.562	48.159	48.252	45.223	41.931	0.503 2

表8-3　配方为0.06%owf，0.15%owf，0.03%owf的小样染色过程在线测试结果

染色时间/min	离线实测值			在线测量值			色差值（CIE LAB）
	X	*Y*	*Z*	*X*	*Y*	*Z*	
5	44.451	43.403	38.574	45.394	44.211	38.798	0.938 9
10	40.337	38.968	33.877	41.476	40.083	34.242	1.202 7
15	38.163	36.649	31.523	39.299	37.802	31.888	1.305 2
20	36.821	35.228	30.140	37.902	36.342	30.498	1.293 2
30	35.332	33.661	28.713	36.246	34.62	29.034	1.142 5

续　表

染色时间 /min	离线实测值			在线测量值			色差值（CIE LAB）
	X	*Y*	*Z*	*X*	*Y*	*Z*	
40	34.600	38.899	28.092	35.353	33.7	28.374	0.963 5
50	34.209	38.497	27.805	34.838	33.176	28.057	0.820 7

表8-4　配方为0.1%owf，0.05%owf，0.1%owf的小样染色过程在线测试结果

染色时间 /min	离线实测值			在线测量值			色差值（CIE LAB）
	X	*Y*	*Z*	*X*	*Y*	*Z*	
5	43.293	43.234	49.975	48.48	48.066	49.145	1.389 2
10	38.890	38.552	45.365	38.087	37.539	44.63	1.092 4
15	36.471	36.008	48.882	35.675	35.07	48.176	0.958 6
20	34.896	34.367	41.324	34.097	33.463	40.615	0.894 7
30	38.976	38.391	39.553	38.163	31.509	38.803	0.841 9
40	31.894	31.298	38.653	31.066	30.416	37.855	0.828 1
50	31.241	30.649	38.159	30.405	29.766	37.323	0.821 3

（4）结果分析

从表 8-2、表 8-3 和表 8-4 可以看出，在线测量值与离线实测值非常接近，两者的色差值均在 1.5（CIE LAB）以内，能够满足工艺要求。

8.3.2　生产车间大样在线测试

（1）仪器设备

Q113(U)-2800 绳状染色机（无锡西蔡钣金厂）如图 8-20 所示。

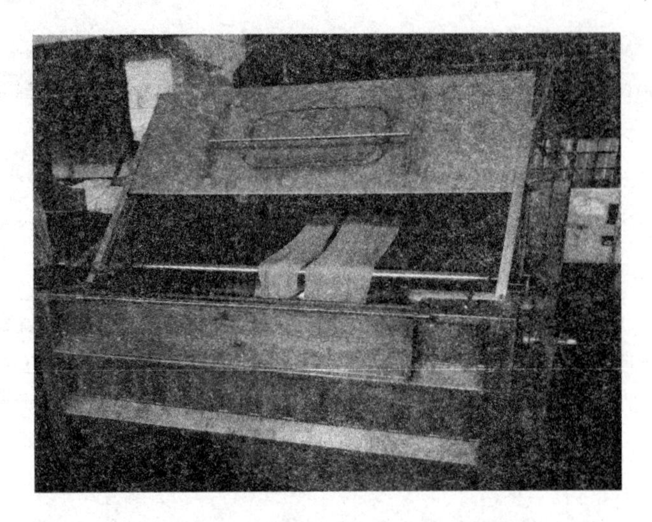

图 8-20　Q113(U)-2800 绳状染色机

（2）测试方法

① 染色工艺要求。

浴比为 1∶10，染色温度为恒温 60 ℃。

待测试大样的具体信息及染色工艺配方如表 8-5 所示。

表8-5　待测试大样信息及工艺配方

测试序号	订单号	重量/Kg	织物名称	配方（染料及助剂）							
				C_1		C_2		C_3		元明粉/g	纯碱/g
				浓度/(%owf)	用量/g	浓度/(%owf)	用量/g	浓度/(%owf)	用量/g		
1	2210146	15	C32S汗布	0.05	7.5	0.01	1.5	0.01	1.5	2 250	150
2	2210178	10	C32S汗布	0.92	92	1.04	104	0.16	16	5 000	200
3	2210204	17	C32S汗布	0.01	1.7	0.01	1.7	0.01	1.7	1 700	170
4	2210312	12	C32S汗布	0.85	102	1.10	132	0.60	72	7 200	240

续　表

测试序号	订单号	重量/Kg	织物名称	配方（染料及助剂）							
				C_1		C_2		C_3		元明粉/g	纯碱/g
				浓度/(%owf)	用量/g	浓度/(%owf)	用量/g	浓度/(%owf)	用量/g		
5	2211126	15	C32S 汗布	0.04	6	4.00	600	0.21	31.5	9 000	300
6	2211153	20	C32S 汗布	1.44	288	1.08	216	1.44	288	12 000	400
7	2211246	10	C32S 汗布	0.67	67	0.64	64	0.8	80	6 000	200
8	2211258	15	C32S 汗布	0.32	48	0.56	84	0.14	21	7 500	300
9	2301401	15	C32S 汗布	0.12	18	0.03	4.5	0.02	3	3 000	180
10	2301485	18	C32S 汗布	0.06	10.8	1.2	216	0.03	5.4	9 000	360

② 测试内容。

按照工艺配方要求，领取一定重量的染料和助剂，按照染色工艺在小型染色机上设定染色温度，并按照相应工序对织物进行染色。在染色过程中，织物色泽在线监测系统每隔 1 min 从染色机里抽取一小部分染液进行冷却，然后送至分光光度计进行测试，得到该染液在 400 ～ 700 nm 范围内（$\Delta\lambda$=5 nm）的吸光度，并通过 RS-232 串口将测得的吸光度数据上传至计算机，最终由计算机处理数据、实时显示织物色泽，达到在线状态监测的目的。

在染色结束取样时，将采样的织物烘干，采用 SF600 型测色仪、D_{65} 光源及 10° 视场标准观察者，在 400 ～ 700 nm 范围内以 $\Delta\lambda$=20 nm 测试样品的反射率，计算织物色泽的离线实测值。

（3）测试结果

在实际染色车间 15 kg 以上的染机上进行在线测量测试，通过织物色泽在线监测系统，完成对 10 个批次实际染色生产的在线监测，并在染色结束取样点，对在线测量值与离线测量值进行对比，在线测试结果如表 8-6 所示。

表8-6　不同工艺和配方时织物颜色的在线测量值与离线值的对比及色差

组	染料初始浓度			染料实时浓度			离线测量值			在线测量值			色差CIE LAB
	c_1	c_2	c_3	c_1	c_2	c_3	X	Y	Z	X	Y	Z	
1	0.05	0.01	0.01	0.012 5	0.002 1	0.004 3	73.71	68.48	75.10	71.769	67.057	73.853	1.249
2	0.92	1.04	0.16	0.683 2	0.633 5	0.054 4	19.64	17.44	14.71	19.172	16.804	14.035	1.355
3	0.01	0.01	0.01	0.003 0	0.002 1	0.004 3	74.07	75.99	79.84	78.491	74.218	78.398	0.938
4	0.85	1.10	0.60	0.618 6	0.677 9	0.476 3	18.44	16.61	14.24	17.282	15.574	13.504	1.506
5	0.04	4.00	0.21	0.010 4	8.827 6	0.091 9	11.16	10.43	6.645	11.038	10.342	6.275 5	1.253
6	1.44	1.08	1.44	1.162 4	0.663 1	1.279 6	16.98	15.30	13.96	15.768	14.216	13.151	1.665
7	0.67	0.64	0.8	0.452 7	0.337 0	0.667 6	20.26	18.51	17.62	19.03	17.422	16.884	1.587
8	0.32	0.56	0.14	0.126 2	0.277 6	0.043 1	28.98	20.77	18.91	23.289	21.061	18.673	1.067
9	0.12	0.03	0.02	0.025 9	0.005 2	0.007 8	68.91	53.86	57.64	68.051	53.614	57.875	1.457
10	0.06	1.2	0.03	0.014 5	0.752 0	0.010 6	24.39	28.48	15.03	24.475	28.66	14.485	1.658

（4）结果分析

从表 8-6 可以看出，织物色泽在线软测量的效果很好，颜色在线测量值和离线测量值之间的色差均在 1.7（CIE LAB）以内，满足染色工艺要求。因此，间歇染色过程针织物颜色在线软测量是可行有效的。

8.3.3　实施效果分析

采用间歇染色的印染企业，其化验室配方到染色大生产的重现性约 55%，且多次返修会造成生产原料和能源的浪费，延长生产周期，降低设备利用率。目前，企业染整生产的一次合格率为 80%，染整生产耗水量为 150 t 水 /t 面料，能耗为 8.2 t 标准煤 /t 面料。采用织物色泽在线监测系统，在大生产的生产条件下对化验室配方进行监测和修正，可以使染色一次合格率提高到 90%，染整生产耗水量降为 130 t 水 /t 面料，能耗为 1.8 t 标准煤 /t 面料，可使年加工量 5 万 t 面料的印染企业一年增产 5000 t，节约用水 100 万 t，能耗减少 2 万 t 标准煤。因此，应用织物色泽在线监测系统可以保证生产过程协调平稳运行，提高染色一次合格率，降低返修率，提高生产效率和生产质量的稳定性，是目前我国印染企业增产、节能、降耗、减排最有效的方法。

表8-7　项目实施效果分析

序　号	指　标	项目实施前	项目实施后	实施效果对比
1	染色一次合格率 /%	80	90	提高 10%
2	单位产品能耗 /t	8.2	1.8	下降 10.4%
3	单位产品水耗 /t	150	130	下降 43.75%
4	能源总耗量 / 万 t	11	9	年减少 2 万 t
5	水总耗量 / 万 t	750	650	年减少 100 万 t

但是，尽管染色重现性有大幅提高，但是仍有提升的空间，采用自动加料系统可以进一步提高染色一次合格率。

8.4　本章小结

本章针对间歇染色过程产品重要质量指标织物色泽难以在线测量和实时控制的情况，开发设计了一套基于软测量模型的织物色泽在线监测系统，为确定适当的控制操作提供必要的信息（如染料上染率、织物色泽等），从而对染色工艺参数进行控制（如温度、染色时间、pH 值、染料浓度等）。由于与其他系统相比，染色系统的反应相对缓慢，赋予分析和控制算法的选择很大的灵活性，因此，染色过程控制系统具有充足的时间来进行大量的计算机分析和控制操作，使染色过程最优化控制更具可行性。同时，影响染色一次合格率的另一个重要因素是染化料加注，精确加料是获得满意的染色一次合格率的重要保障。自动加料系统具有可程序化的加料模式，准确计量，自动配送，对充分利用染化料、优化工艺，获得更好的匀染性和颜色重现性具有重要意义。

参考文献

[1] 中国纺织工程学会．纺织科学技术学科发展报告[M]. 北京：中国科学技术出版社,2007.

[2] 王岩．中国纺织工业发展战略研究[D]. 长春：吉林大学,2003.

[3] 俞亦政.21 世纪纺织行业所面临的水环境问题及对策[D]. 上海：东华大学,2005.

[4] 赵宏．中国纺织工业技术创新体系研究[D]. 天津：天津工业大学,2005.

[5] 张志祥，王振东．印染行业推行清洁生产的机遇与途径[J]印染,2001 (1): 45-47.

[6] 格雷德尔，霍华德－格伦维尔．绿色工厂：观点方法与工具[M]. 北京：清华大学出版社，2006.

[7] 石碧，王双飞，郑庆康，等．轻化工程导论[M]北京：化学工业出版社,2010.

[8] 王菊生．染整工艺原理（第三册）[M]. 北京：中国纺织出版社,2000.

[9] 郑光洪，蒋学军，杜宗良．印染概论[M]. 北京：中国纺织出版社,2000.

[10] 刘辅庭．最新染整技术动向（二）[J]. 印染,2005，31（23）:50-51.

[11] 张建新，魏俊民．基于嵌入式 linux 技术的间歇式染色机控制器的研究[J]. 天津工业大学学报,2005,24（2）:40-42.

[12] KAZMI S Z , GRADY P L , MOCK G N , et al.On-line color monitoring in continuous textile dyeing[J].ISA Transactions,1996 (35):33-43.

[13] 陈兴梧，田学飞．纺织品颜色的在线测量[J]. 计量学报,1997,18(2):150-155.

[14] 姚祖亮．针织物的连续化加工设备[J]. 针织工业,2004,10（25）:72-74.

[15] 牟晶晶，徐海松，徐东晖．在线色差检测的误差修正方案设计[J]. 光电工程,2007,34（2）:37-40.

[16] 顾秋基．色差的在线测控[J]. 印染，1998,24（12）:24-27.

[17] 陈立秋．浸轧机色差控制的技术进步[J]. 染整技术，1995,7（1）:17-18.

[18] MARTIN FERUS-COMELO.Analysis of the factors influencing dye uptake on jet dyeing equipment[J].Coloration Technology,2006（122）:289-297.

[19] 叶早萍．染浴在线监控的染色工艺[J].印染,2008（9）:47-49.

[20] 邱红娟．用FIA-HPLC分析技术在线监控活性染料的竭染和水解[J].国外丝绸,2000（6）:18-22.

[21] SANTOS J G, SOARES G M B, HRDINA R, et al. A study on the spectral changes of reactive textile dyes and their implications for online control of dyeing processes[J]. Coloration Technology, 2010, 125(1):8-13.

[22] REDDY M, LEE G, MCGREGOR R, et al. Modeling of the batch dyeing process[J].Proceedings of the American Control Conference,1995(3):2180-2184.

[23] JASPER, WARREN J, REDDY, MADHUKAR Y. Real-time system for data acquisition and control of batch dyeing[J].IEEE Annual Textile, Fiber and Film Industry Technical Conference,1994:1-5.

[24] 田世昌，张谦，王东云．间歇式染色机的计算机控制[J].郑州纺织工学院学报,1995,6(2):22-27.

[25] 汪岚，金福江．染色过程色差与染液吸光度模型[J].纺织学报,2008,29(4):83-85.

[26] 汪岚，黄彩虹．基于MATLAB色差预测多元回归模型的研究[J].计算机与应用化学,2008,25(8):1015-1018.

[27] 荆志巍．间歇生产过程的控制系统设计及控制算法研究[D].北京：华北电力大学,2002.

[28] 单洪亮．间歇蒸煮过程的模型辨识与监控[D].杭州：浙江大学,2004.

[29] 侯迪波．间歇生产过程中的知识发现方法研究[D].杭州：浙江大学,2004.

[30] 俞金寿，刘爱伦，张克进．软测量技术及其在石油化工中的应用[M].北京：化学工业出版社,2000.

[31] 李海青，黄志尧．软测量技术原理及应用[M].北京：化学工业出版社,2000.

[32] 杨敏，胡斌，费正顺，等．基于DPCA-RBF网络的工业流化床乙烯气相聚合过程的软测量研究[J].仪器仪表学报,2010,3(31):481-487.

[33] 金福江，王慧，陆浩，等．蒸煮过程有效碱浓度在线软测量技术研究[J].仪器仪表学报,2003,24(4):380-383.

[34] 孙玉坤，王博，黄永红，等．基于聚类动态LS-SVM的L-赖氨酸发酵过程软测量

方法 [J]. 仪器仪表学报 ,2010,2(31):404-409.

[35] 金福江，周丽春．化工软测量技术研究进展 [J]. 化工进展 ,2005,24(12):1379-1382.

[36] QI L, SHAO C. Soft sensing modelling based on optimal selection of secondary variables and its application [J].International Journal of Automation and Computing,2009,6(4):379-384.

[37] BHAT S A , SARAF D N , GUPTA S , et al. Use of agitator power as a soft sensor for bulk free-radical polymerization of methyl methacrylate in batch reactors [J]. Industrial and Engineering Chemistry Research,2006,45 (12):4243-4255.

[38] MING T T , MONTAGUE G A , MORRIS A J ,et al. Soft-sensors for process estimation and inferential control[J].Journal of Process Control,1991,1(1): 3-14.

[39] 张颖．改进的 T-S 模糊神经网络在化工软测量中的应用 [J]. 电子测量与仪器学报 ,2010,6(24):585-589.

[40] 张光新，周泽魁．烧碱蒸发过程中出料浓度软测量技术研究 [J]. 仪器仪表学报 ,2004,25(4):675-677.

[41] GRANK, J.The mathematics of diffusion[M].Oxford: Clarendon Press, 1956.

[42] Jost W. Diffusion in Solids, Liquids and Gases[M].New York: Academic press inc., Publishers, 1960.

[43] 傅建国， 王孝通， 金良安， 等 .Sigma 点卡尔曼滤波及其应用 [J]. 系统工程与电子技术， 2005， 27(1):141-144.

[44] 杨茹，邱法林．分光光度学 [M]. 北京：机械工业出版社 ,1998.

[45] 雷波．分光光度法对混合染料浓度的同时测定 [J]. 染整技术 ,2003,25(3):35-37.

[46] 李昌厚，孙吟秋．杂散光与吸光度误差和吸光度真值关系的研究 [J]. 仪器仪表学报 ,2001,22(1):54-58.

[47] 周凤岐，卢晓东．最优估计理论 [M]. 北京：高等教育出版社 ,2009.

[48] 李志良，刘一鸣，石乐明， 等．卡尔曼滤波分光光度法用于多组分分析 [J]. 分析测试学报 ,1989,8(6):38-43.

[49] 王雁鹏，董旭辉，陈岩， 等．卡尔曼滤波分光光度法同时测定混合氨基酸 [J]. 光谱实验室 ,2006,23(6):1166-1169.

[50] 蔡卓，赵静，江彩英， 等．卡尔曼滤波紫外分光光度法同时测定盐酸异丙嗪和

盐酸氯丙嗪 [J]. 广西大学学报 (自然科学版),2009,3(34):340-346.

[51] 余煜棉 , 张音波 , 刘春英， 等 . 卡尔曼滤波分光光度法同时测定扑热息痛四组分的研究 [J]. 光谱学与光谱分析 ,2003,23(5):1005-1007.

[52] 朱志臣 , 汤红梅 , 倪丽琴， 等 .Kalman 滤波同时测定苯酚和 2,4- 二氯苯酚 [J]. 天津城市建设学院学报 ,2008,14(3):219-222.

[53] 王海峰 , 陈海相 , 邵建中 .HPLC 法研究 C.I. Reactive Red 24 水解反应动力学 [J]. 染料与染色 ,2004(6):331-333.

[54] 王正佳 , 邵敏 , 邵建中 . 乙烯砜型活性染料水解动力学的 HPLC 研究 [J]. 纺织学报 ,2006(9):9-13.

[55] 克兰奇尼克 . 温度对一氯均三嗪活性染料的水解和醇解反应的动力学的影响 [J]. 孙波 , 译 . 国外纺织技术 ,2001(7):26-29.

[56] 范炜 , 李勇 . 近似二阶扩展卡尔曼滤波方法研究 [J]. 空间控制技术与应用 ,2009,35 (1):30-35.

[57] AHN K K , TRUONG D Q . Online tuning fuzzy PID controller using robust extended Kalman filter[J]. Journal of Process Control, 2009, 19(6):1011-1023.

[58] 范文兵 , 陈达 . 卡尔曼滤波器在状态和参数估计中的应用 [J]. 郑州大学学报 (理学版),2002,34 (4):44-47.

[59] 仲卫进 . 基于扩展卡尔曼滤波的动态负荷建模与参数辨识 [D]. 上海： 上海交通大学 ,2007.

[60] 李书进 , 虞晖 . 基于扩展卡尔曼滤波的非线性带滑移滞变系统的实时估计 [J]. 武汉大学学报 (信息科学版),2004,29(1):89-92.

[61] BOLIC M , DJURIC P M , HONG S. New resampling algorithms for particle filters[C]// IEEE. IEEE International Conference on Acoustics(Vol.2). Piscataway: IEEE, 2003:589-592.

[62] 谷雨 , 李平 , 韩波 . 基于分层粒子滤波的地标检测与跟踪 [J]. 浙江大学学报 (工学版),2010,44(4):687-691.

[63] 宋钦涛 , 汪立新 , 潘慈颜 . 基于粒子滤波的全息检测技术的研究 [J]. 杭州电子科技大学学报 ,2009,29(6):23-25.

[64] 李子昱 , 秦红磊 . 改进重采样粒子滤波算法在 GPS 中的应用 [J]. 计算机工程与设计 ,2010,31(11):2523-2526.

[65] 王法胜，赵清杰．一种用于解决非线性滤波问题的新型粒子滤波算法[J]. 计算机学报，2008,31(2):346-352.

[66] 张瑞华，雷敏．粒子滤波技术的发展现状综述[J]. 噪声与振动控制，2010(2):1-4.

[67] 张琪，胡昌华，乔玉坤．基于权值选择的粒子滤波算法研究[J]. 控制与决策，2008,23(1):117-120.

[68] 郭文艳，韩崇昭．基于统计线性回归的粒子滤波方法[J]. 电子与信息学报，2008,30(8):1905-1908.

[69] 赵丰，汤磊，张武，等．一种高实时性粒子滤波重采样算法[J]. 系统仿真学报，2009,21(18):5789-5793.

[70] LI Y Q, SHEN Y , LIU Z Y.A new particle filter for nonlinear tracking problems[J].Chinese Journal of Aeronautics,2004,17 (3):170-175.

[71] 邱书波，王化祥，刘雪真.RBF 神经网络在卡伯值软测量中的应用研究[J]. 电子测量与仪器学报，2005,19(1):30-34.

[72] 王伟，陈殿生，魏洪兴，等．装载机载重测量的支持向量机软测量建模方法[J]. 计量学报，2008,29(4): 329-333.

[73] DSUN D Z, Ye F J, GU X S.Soft-sensing model of Oxygen concentration in catalytic reformer based on PLS algorithm[J]. Journal of system simulation,2003,15 (11):1622-1624.

[74] 孙涛，曹广益．软测量建模方法分析[J]. 机床与液压，2005 (2): 67-69.

[75] 张伟，胡昌华，郑恩让．基于机理与主元分析的纸浆漂白 MIMO 软测量[J]. 计算机应用，2002, 29(3): 47-49.

[76] 屠天民，骆钦，施睿，等．染色过程中染料浓度的在线监测[J]. 印染，2009(9):19-22.

[77] 王强，马沛生，汤红梅，等．扩展 Kalman 滤波器同时测定苯酚和邻氯苯酚[J]. 光谱学与光谱分析，2006,26(5):899-903.

[78] 宋志勇．非线性随机离散系统推广卡尔曼滤波方法收敛性分析[J]. 控制理论与应用，2002,17(2):264-269.

[79] 朱志宇，戴晓强．基于改进边缘化粒子滤波器的机动目标跟踪[J]. 武汉理工大学学报，2008,30(6):118-121.

[80] 朱志宇．基于高斯粒子滤波器和 TVAR 模型的语音增强技术[J]. 仪器仪表学报，2008,29(9):1903-1907.

[81] 傅忠君，于鲁汕．染色动力学数学模型的研究[J]. 染料与染色，2003，40(1):23-29.

[82] PETERS R H, Textile Chemistry (Vol.3) [M]. Amsterdam:Elsevier Scientific Publishing Company, 1975.

[83] 黑木宣彦．染色理论化学（上）[M]. 陈水林，译．北京：纺织工业出版社，1981:.

[84] 克里切夫斯基．染色和印花过程的吸附与扩散[M]. 高敬琮，译．北京：纺织工业出版社，1985.

[85] 汪辉雄．纤维染色学[M]. 台中：大学图书供应社，1982.

[86] 白凤翔，曾华，伊继东，等．基于 Kubelka-Munk 理论的线性规划配色法[J]. 涂料工业，1994(4):21-23.

[87] 郝文静，赵秀萍．Kubelka-Munk 单常数配色理论与实践[J]. 中国印刷与包装研究，2009,3(1):43-47.

[88] 金福江，汤仪平．计算机配色中活性染料单位浓度 *K/S* 值研究[J]. 武汉理工大学学报，2008,30(1):83-85.

[89] 薛朝华．颜色科学与计算机测色配色实用技术[M]. 北京：化学工业出版社，2003.

[90] 徐海松．计算机测色与配色新技术[M]. 北京：中国纺织出版社，1999.

[91] 荆其诚，焦书兰，喻柏林，等．色度学[M]. 北京：科学出版社，1979.

[92] 董振礼，郑宝梅，轩桂芬．测色及电子计算机配色[M]. 北京：中国纺织出版社，1996.

[93] 徐海松，叶关荣．计算机自动配色预测算法研究[J]. 光学学报，1996,16(11):1657-1661.

[94] BERNS R S. 颜色技术原理[M]. 李小梅，译．北京：化学工业出版社，2002.

[95] BRAINARD D H, WANDELL B A. Asymmetric color matching: How color appearance depends on the illuminant[J]. Journal of the Optical Society of America. A, Optics and image science, 1992(9):1433-1448.

[96] 徐海松，叶关荣．计算机模拟色仿真研究[J]. 照明工程学报，1994,5(3):14-21.

[97] 张林林．基于色貌的工业色差评价方法的研究[D]. 西安：西安理工大学，2011.

[98] LUE M R,CUI G,RIGG B.The development of the CIE 2000 colour-difference formula: CIEDE2000[J]. Color: Research and applications. 2001,26(5): 340-

350.

[99] 宋钧才 . 漫谈色差评定 [J]. 中国纤检，2006(4):29-31.

[100] 郑元林，杨淑蕙，周世生，等 .CIE 1976LAB 色差公式的均匀性研究 [J]. 包装工程，2005, 26(2):48-65.

[101] 汤仪平，金福江 . 间歇式染色过程针织物颜色预测的算法 [J]. 纺织学报,2009,31(11):104-108.

[102] 金咸穰 . 染整工艺实验 [M]. 北京：中国纺织出版社,1982.

[103] 赵静，但琦 . 数学建模与数学实验 [M]. 北京：高等教育出版社,2000.

[104] 刘承平 . 数学建模方法 [M]. 北京：高等教育出版社,2002.

[105] 黄华江 . 实用化工计算机模拟——MATLAB 在化学工程中的应用 [M]. 北京：化学工业出版社,2004.

[106] 盛骤，谢式千，潘承毅 . 概率论与数理统计 [M]. 北京：高等教育出版社,2004.

[107] 纵瑞龙，王建民，郝新敏 . *K/S* 值与 Integ 值差异的探讨 [J]. 印染,2006(24):30-33.

[108] 汤仪平，金福江 . 单一染料间歇染色过程织物色泽的软测量模型 [J]. 仪器仪表学报,2010,31(7):1620-1625.

[109] 汤仪平，金福江 . 低浓度混合染料间歇式染色过程色泽软测量 [J]. 仪器仪表学报,2011,32(3):690-694.

[110] Haug A J. A tutorial on Bayesian estimation and tracking techniques applicable to nonlinear and non-gaussian processes[J]. MITREN TECHNICAL REPORT, 2005(5):1-59.

[111] 徐钟济 . 蒙特卡罗方法 [M]. 上海：上海科学技术出版社,1985.

附　录

附录 1

CIE 1964 补充标准色度观察者光谱三刺激值

λ/nm	光谱三刺激值			λ/nm	光谱三刺激值		
	$\bar{x}_{10}(\lambda)$	$\bar{y}_{10}(\lambda)$	$\bar{z}_{10}(\lambda)$		$\bar{x}_{10}(\lambda)$	$\bar{y}_{10}(\lambda)$	$\bar{z}_{10}(\lambda)$
400	0.019 1	0.002 0	0.086 0	555	0.616 1	0.999 1	0.001 1
405	0.043 4	0.004 5	0.197 1	560	0.705 2	0.997 3	0.000 0
410	0.084 7	0.008 8	0.389 4	565	0.793 8	0.982 4	0.000 0
415	0.140 6	0.014 5	0.656 8	570	0.878 7	0.955 6	0.000 0
420	0.204 5	0.021 4	0.972 5	575	0.951 2	0.915 2	0.000 0
425	0.264 7	0.029 5	1.282 5	580	1.014 2	0.868 9	0.000 0
430	0.314 7	0.038 7	1.553 5	585	1.074 3	0.825 6	0.000 0
435	0.357 7	0.049 6	1.798 5	590	1.118 5	0.777 4	0.000 0
440	0.383 7	0.062 1	1.967 3	595	1.134 3	0.720 4	0.000 0
445	0.386 7	0.074 7	2.027 3	600	1.124 0	0.658 3	0.000 0
450	0.370 7	0.089 5	1.994 8	605	1.089 1	0.593 9	0.000 0
455	0.343 0	0.106 3	1.900 7	610	1.030 5	0.528 0	0.000 0
460	0.302 3	0.128 2	1.745 4	615	0.950 7	0.461 8	0.000 0

续 表

λ/nm	光谱三刺激值			λ/nm	光谱三刺激值		
	$\bar{x}_{10}(\lambda)$	$\bar{y}_{10}(\lambda)$	$\bar{z}_{10}(\lambda)$		$\bar{x}_{10}(\lambda)$	$\bar{y}_{10}(\lambda)$	$\bar{z}_{10}(\lambda)$
465	0.254 1	0.152 8	1.554 9	620	0.856 3	0.398 1	0.000 0
470	0.195 6	0.185 2	1.317 6	625	0.754 9	0.339 6	0.000 0
475	0.132 3	0.219 9	1.030 2	630	0.647 5	0.285 3	0.000 0
480	0.080 5	0.253 6	0.772 1	635	0.535 1	0.228 3	0.000 0
485	0.041 1	0.297 7	0.570 1	640	0.431 6	0.179 8	0.000 0
490	0.016 2	0.339 1	0.415 3	645	0.343 7	0.140 2	0.000 0
495	0.005 1	0.395 4	0.302 4	650	0.268 3	0.107 6	0.000 0
500	0.003 8	0.460 8	0.218 5	655	0.204 3	0.081 2	0.000 0
505	0.015 4	0.531 4	0.159 2	660	0.152 6	0.060 3	0.000 0
510	0.037 5	0.606 7	0.112 0	665	0.112 2	0.044 1	0.000 0
515	0.071 4	0.685 7	0.082 2	670	0.081 3	0.031 8	0.000 0
520	0.117 7	0.761 8	0.060 7	675	0.057 9	0.022 6	0.000 0
525	0.173 0	0.823 3	0.043 1	680	0.040 9	0.015 9	0.000 0
530	0.236 5	0.875 2	0.030 5	685	0.028 3	0.011 1	0.000 0
535	0.304 2	0.923 8	0.020 6	690	0.019 9	0.007 7	0.000 0
540	0.376 8	0.962 0	0.013 7	695	0.013 8	0.005 4	0.000 0
545	0.451 6	0.982 2	0.007 9	700	0.009 6	0.003 7	0.000 0
550	0.529 8	0.991 8	0.004 0	705	0.006 6	0.002 6	0.000 0

附录2

CIE 标准照明体D65相对光谱功率分布

λ/nm	S(λ)	λ/nm	S(λ)	λ/nm	S(λ)
380	50.0	530	107.7	680	78.3
385	52.3	535	106.0	685	74.0
390	54.6	540	104.4	690	69.7
395	68.7	545	104.2	695	70.7
400	82.8	550	104.0	700	71.6
405	87.1	555	102.0	705	73.0
410	91.5	560	100.0	710	74.3
415	92.5	565	98.2	715	68.0
420	93.4	570	96.3	720	61.6
425	90.1	575	96.1	725	65.7
430	86.7	580	95.8	730	69.9
435	95.8	585	92.2	735	72.5
440	104.9	590	88.7	740	75.1
445	110.9	595	89.3	745	69.3
450	117.0	600	90.0	750	63.6
455	117.4	605	89.8	755	55.0
460	117.8	610	89.6	760	46.4
465	116.3	615	88.6	765	56.6
470	114.9	620	87.7	770	66.8
475	115.4	625	85.5	775	65.1
480	115.9	630	83.3	780	63.4

续 表

λ/nm	S(λ)	λ/nm	S(λ)	λ/nm	S(λ)
485	112.4	635	83.5	785	63.8
490	108.8	640	83.7	790	64.3
495	109.1	645	81.9	795	61.9
500	109.4	650	80.0	800	59.5
505	108.6	655	80.1		
510	107.8	660	80.2		
515	106.3	665	81.2		
520	104.8	670	82.3		
525	106.2	675	80.3		

附录3

M_t/M_∞与Dt/a^2关系表

M_t/M_∞	Dt/a^2 ×10²	M_t/M_∞	Dt/a^2 ×10²	M_t/M_∞	Dt/a^2 ×10²	M_t/M_∞	Dt/a^2 ×10²
0	0	26	1.486	52	6.902	78	19.83
1	0.020	27	1.611	53	7.222	79	20.63
2	0.079	28	1.742	54	7.553	80	21.47
3	0.018	29	1.878	55	7.894	81	22.35
4	0.032	30	2.02	56	8.245	82	23.28
5	0.051	31	2.168	57	8.608	83	24.27
6	0.072	32	2.322	58	8.981	84	25.23
7	0.099	33	2.483	59	9.365	85	26.43
8	0.130	34	2.65	60	9.763	86	27.62

续 表

M_t/M_∞	$Dt/a^2 \times 10^2$	M_t/M_∞	$Dt/a^2 \times 10^2$	M_t/M_∞	$Dt/a^2 \times 10^2$	M_t/M_∞	$Dt/a^2 \times 10^2$
9	0.165	35	2.823	61	10.17	87	28.91
10	0.205	36	3.004	62	10.59	88	30.29
11	0.249	37	3.19	63	11.03	89	31.79
12	0.297	38	3.385	64	11.48	90	33.44
13	0.350	39	3.585	65	11.95	91	35.26
14	0.408	40	3.793	66	12.43	92	37.3
15	0.470	41	4.008	67	12.93	93	39.61
16	0.537	42	4.231	68	13.44	94	42.27
17	0.609	43	4.46	69	13.98	95	45.03
18	0.686	44	4.698	70	14.53	96	49.28
19	0.768	45	4.943	71	15.13	97	54.28
20	0.855	46	5.197	72	15.7	98	61.27
21	0.947	47	5.458	73	16.32	99	73.25
22	1.044	48	5.727	74	16.97	99.5	85.24
23	1.147	49	6.005	75	17.64	99.9	113.1
24	1.254	50	6.292	76	18.34		
25	1.367	51	6.592	77	19.07		

附录 4

非线性光度体系吸光度的模型参数及检验统计量

波长/nm	模型参数											R^2
	a_0	a_1	a_2	a_3	a_4	a_5	a_6	a_7	a_8	a_9	a_{10}	
400	−0.395 4	−0.592 7	−0.397 3	−0.587 4	2.593 3	2.772 2	2.831 8	−2.435 1	−2.118 9	−2.820 4	3.056 3	0.945 2
405	−0.441 3	−0.608 9	−0.406 5	−0.587 2	2.681 3	2.888 4	2.920 6	−2.520 1	−2.181 7	−2.945 5	3.149 9	0.946 3
410	−0.479 5	−0.625 9	−0.433 8	−0.601 8	2.756 4	2.989 4	2.993 9	−2.586	−2.238	−3.020 3	3.231	0.947 6
415	−0.508 8	−0.626 3	−0.436	−0.600 7	2.801 7	3.065 5	3.060 5	−2.637 1	−2.291 6	−3.113 1	3.296 1	0.948 8
420	−0.531 7	−0.638	−0.446 9	−0.608 8	2.850 5	3.118 9	3.103 7	−2.675 3	−2.326 6	−3.155 4	3.341 9	0.949 8
425	−0.561 7	−0.641 8	−0.442 7	−0.610 3	2.892 8	3.182 3	3.162 2	−2.721 5	−2.359 2	−3.241 4	3.392 7	0.951 2
430	−0.598 4	−0.653 8	−0.452 8	−0.626 7	2.954 9	3.249 1	3.243 4	−2.772 4	−2.420 9	−3.303	3.461 1	0.953 2
435	−0.640 2	−0.661	−0.449 4	−0.640 2	3.02	3.325 2	3.335 9	−2.839 1	−2.470 7	−3.402 6	3.533 5	0.955 9
440	−0.69	−0.674	−0.431 6	−0.654 3	3.111 2	3.394 9	3.439 6	−2.924 1	−2.534 7	−3.502 3	3.613 6	0.958 3

续 表

波长/nm	模型参数											R^2
	a_0	a_1	a_2	a_3	a_4	a_5	a_6	a_7	a_8	a_9	a_{10}	
445	−0.750 1	−0.694 7	−0.421	−0.679 6	3.218 6	3.475 8	3.561 6	−3.019 3	−2.612 8	−3.606 7	3.712 4	0.960 4
450	−0.811 3	−0.718 3	−0.400 6	−0.689 1	3.341 1	3.556 1	3.666 5	−3.131	−2.686	−3.714 4	3.809	0.962 2
455	−0.868	−0.735 8	−0.379 2	−0.700 5	3.446 2	3.628 2	3.778 7	−3.216 6	−2.760 5	−3.823 5	3.891 3	0.963 4
460	−0.918 4	−0.754 5	−0.371 9	−0.715	3.542 5	3.702 5	3.885 9	−3.297 6	−2.838 7	−3.924 8	3.985 8	0.964 2
465	−0.951 9	−0.77	−0.361 4	−0.730 9	3.620 9	3.763 2	3.971 3	−3.368 6	−2.885 6	−4.002 9	4.051 8	0.965 2
470	−0.975 2	−0.786 4	−0.358 6	−0.741 8	3.691 1	3.816 2	4.038 6	−3.425 3	−2.932 7	−4.066 8	4.111 7	0.965 4
475	−0.992 4	−0.799	−0.346 5	−0.755 7	3.750 5	3.848 6	4.112 7	−3.475 6	−2.983 3	−4.134 4	4.177 5	0.965 3
480	−1.005 5	−0.813 1	−0.349 5	−0.777 9	3.801 3	3.884 1	4.184 3	−3.510 3	−3.029 4	−4.181 1	4.230 4	0.965 4
485	−1.008 5	−0.822 9	−0.347 9	−0.795 4	3.839	3.897 2	4.238 8	−3.533 6	−3.067 4	−4.210 7	4.272 9	0.964 9
490	−0.994 4	−0.829 6	−0.348 7	−0.807 1	3.847 7	3.880 7	4.251 8	−3.537 6	−3.090 7	−4.202 6	4.295 5	0.964 3
495	−0.949 5	−0.823 9	−0.349 8	−0.810 8	3.787 3	3.802 4	4.192 3	−3.476 6	−3.043 3	−4.119 9	4.236 9	0.963 4
500	−0.927 6	−0.839	−0.355 1	−0.829 5	3.805 8	3.778 6	4.203 4	−3.467 3	−3.059 7	−4.095 8	4.248 1	0.961 6
505	−0.939 9	−0.881 4	−0.363 9	−0.848 7	3.931 1	3.813 3	4.295	−3.509 1	−3.153 7	−4.131 5	4.319 1	0.960 2

续 表

波长/nm	模型参数											R^2
	a_0	a_1	a_2	a_3	a_4	a_5	a_6	a_7	a_8	a_9	a_{10}	
510	−0.935 6	−0.902 9	−0.370 5	−0.878 9	3.998 5	3.806 7	4.373 9	−3.520 2	−3.227 5	−4.135 2	4.366 4	0.958 6
515	−0.892	−0.910 2	−0.379 9	−0.902	3.982 1	3.688 4	4.364 3	−3.425 6	−3.237 9	−4.005 7	4.300 5	0.955 7
520	−0.836 5	−0.908 7	−0.390 2	−0.926 6	3.932 3	3.528 7	4.322 7	−3.304 7	−3.229 8	−3.822 5	4.203 7	0.950 8
525	−0.760 5	−0.901 3	−0.405 1	−0.961 2	3.847 2	3.332	4.258 9	−3.147 4	−3.187 4	−3.586 5	4.062 7	0.944 4
530	−0.668	−0.891 4	−0.417 4	−0.999 7	3.741 1	3.124 5	4.179 8	−2.990 5	−3.130 6	−3.344 8	3.923 3	0.956 2
535	−0.569 5	−0.868 1	−0.434 4	−1.030 4	3.615 4	2.947 4	4.080 4	−2.849 8	−3.062 3	−3.113 5	3.787 1	0.966 1
540	−0.480 4	−0.854 8	−0.438 1	−1.055 8	3.509 1	2.811	4.006 6	−2.744 9	−2.990 4	−2.965 5	3.691 5	0.974 3
545	−0.409 9	−0.839	−0.443 3	−1.081 9	3.423 7	2.707 7	3.966 7	−2.665 5	−2.941 9	−2.850 6	3.619 4	0.974 4
550	−0.361 2	−0.816 9	−0.439	−1.115 3	3.348 6	2.612 3	3.960 5	−2.599 9	−2.909 9	−2.754 4	3.555 4	0.974 2
555	−0.332 1	−0.803 4	−0.449 8	−1.168	3.303	2.513 8	3.983 3	−2.538 1	−2.899 2	−2.619 1	3.494 7	0.974 2
560	−0.321 9	−0.787 4	−0.470 2	−1.252 2	3.269 7	2.379 8	4.067	−2.443 5	−2.922 9	−2.443	3.420 5	0.974 6
565	−0.308 2	−0.775 8	−0.500 5	−1.367 3	3.242 9	2.195 9	4.152 5	−2.328 7	−2.951	−2.159 6	3.307 7	0.975 1
570	−0.269 5	−0.733 6	−0.514 1	−1.457 9	3.141	1.971 9	4.180 3	−2.196 4	−2.938 1	−1.864 3	3.162	0.975 6

续 表

波长/nm	模型参数											R^2
	a_0	a_1	a_2	a_3	a_4	a_5	a_6	a_7	a_8	a_9	a_{10}	
575	−0.024 4	−0.527 1	−0.406 9	−1.245 5	2.349 2	1.451 8	3.386 4	−1.713 3	−2.272 4	−1.362 8	2.477 7	0.976 4
580	0.117 1	−0.385 9	−0.349 4	−1.138 9	1.821	1.075 2	2.912 2	−1.379 4	−1.814 3	−0.932 4	1.978 7	0.977 4
585	0.158 9	−0.314 3	−0.342 8	−1.243 6	1.633 4	0.894 1	2.900 4	−1.330 4	−1.653 1	−0.648 6	1.815 3	0.978 3
590	0.177 4	−0.265 1	−0.33	−1.413 8	1.505 9	0.783 6	3.024 2	−1.375 7	−1.511 2	−0.464 8	1.748 2	0.978 9
595	0.184 1	−0.280 6	−0.299 8	−1.592	1.390 2	0.720 6	3.172 6	−1.422	−1.289 4	−0.404 4	1.715 7	0.979 4
600	0.186 2	−0.367 3	−0.260 5	−1.750 6	1.344	0.649 2	3.312 6	−1.439 3	−1.070 9	−0.378 3	1.697 7	0.979 6
605	0.178 1	−0.406 5	−0.241 3	−1.877	1.260 7	0.685 3	3.444 3	−1.485 2	−0.865 1	−0.464 6	1.718 2	0.980 0
610	0.176 7	−0.450 2	−0.222 9	−1.957 4	1.223 9	0.679 6	3.523 6	−1.495 7	−0.736 8	−0.496 8	1.719 4	0.980 3
615	0.177	−0.474 6	−0.212 9	−1.988 1	1.203 1	0.680 5	3.541 8	−1.500 7	−0.663 9	−0.519	1.719	0.980 6
620	0.168 8	−0.485 5	−0.205 5	−1.992 9	1.189 1	0.690 7	3.541 8	−1.502 4	−0.625 5	−0.549 4	1.719 6	0.981 1
625	0.140 2	−0.500 7	−0.204 8	−2.021 1	1.204	0.721	3.602	−1.524 9	−0.612 4	−0.594 9	1.748 6	0.981 3
630	0.085 4	−0.509 2	−0.206 2	−2.067 3	1.226 9	0.776	3.700 3	−1.579 9	−0.607	−0.644 2	1.790 9	0.981 6
635	0.003 7	−0.518 3	−0.207 7	−2.129 4	1.251 5	0.843 5	3.845 4	−1.635 5	−0.595 9	−0.713 4	1.834 3	0.981 9

续 表

波长/nm	模型参数											R^2
	a_0	a_1	a_2	a_3	a_4	a_5	a_6	a_7	a_8	a_9	a_{10}	
640	−0.105 1	−0.5179	−0.215 2	−2.19 3	1.273 8	0.930 8	3.999 9	−1.699 8	−0.585	−0.770 7	1.866 5	0.974 3
645	−0.227 9	−0.5006	−0.220 3	−2.2434	1.247 1	0.997 3	4.140 4	−1.710 2	−0.538 4	−0.805 2	1.834 9	0.974 4
650	−0.358 8	−0.4581	−0.218 2	−2.2812	1.171 2	1.059 2	4.288 9	−1.685 5	−0.466 1	−0.840 5	1.754	0.974 2
655	−0.472 2	−0.3862	−0.204 7	−2.324	1.009 9	1.043 8	4.435 6	−1.568 8	−0.33	−0.791 6	1.555	0.974 2
660	−0.542 8	−0.2749	−0.136 8	−2.293	0.772 3	0.930 1	4.478 1	−1.381 2	−0.156 8	−0.689 1	1.244 7	0.964 8
665	−0.574 5	−0.1343	−0.027 2	−2.2228	0.458 1	0.711 3	4.476 4	−1.098 1	0.072 8	−0.51	0.804 5	0.977 5
670	−0.543 2	0.027	0.134 5	−2.0068	0.096 5	0.379 1	4.276 9	−0.688 4	0.296 7	−0.274	0.24	0.984 7
675	−0.454 4	0.1535	0.249 4	−1.6194	−0.230 9	0.000 1	3.839	−0.112 8	0.393 7	0.020 8	−0.350 1	0.988 7
680	−0.324 1	0.2391	0.263	−1.0707	−0.507 3	−0.351 8	3.178 9	0.598 8	0.343 9	0.325 9	−0.891 3	0.988 9
685	−0.195 7	0.2718	0.160 5	−0.488	−0.657 3	−0.511 9	2.377 5	1.1	0.252 3	0.540 8	−1.181	0.986 1
690	−0.091 8	0.2249	0.043 1	0.0661	−0.578 1	−0.437 3	1.469 1	1.082 6	0.165 1	0.573 9	−1.063 2	0.985 5
695	−0.026 8	0.1409	0.016 2	0.449	−0.368	−0.280 6	0.726 4	0.709 2	0.132 6	0.436 4	−0.715 4	0.991 7